# 幸福河湖评价与建设

夏继红 王为木 董姝楠 盛丽婷 蔡旺炜 林国富 编著

中国水利水电出版社
www.waterpub.com.cn
·北京·

## 内 容 提 要

本书主要介绍幸福河湖的内涵与特征，重点阐述幸福河湖的评价方法和建设策略，以浙江省湖州市南浔区为例，提出幸福河湖建设的构架体系、项目布局和特色主题，为河湖科学建管和区域经济社会高质量发展提供思路和参考。

本书可供水利、生态、环境等相关行业的管理、科研、设计人员及高校相关专业师生参考。

## 图书在版编目（CIP）数据

幸福河湖评价与建设 / 夏继红等编著. -- 北京：中国水利水电出版社，2024.3
ISBN 978-7-5226-1915-6

Ⅰ．①幸… Ⅱ．①夏… Ⅲ．①河流－生态环境建设－研究－湖州②湖泊－生态环境建设－研究－湖州 Ⅳ．①X321.255.3

中国国家版本馆CIP数据核字(2023)第215355号

| 书　　名 | **幸福河湖评价与建设**<br>XINGFU HEHU PINGJIA YU JIANSHE |
|---|---|
| 作　　者 | 夏继红　王为木　董姝楠　盛丽婷　蔡旺炜　林国富　编著 |
| 出版发行 | 中国水利水电出版社<br>（北京市海淀区玉渊潭南路1号D座　100038）<br>网址：www.waterpub.com.cn<br>E-mail：sales@mwr.gov.cn<br>电话：（010）68545888（营销中心） |
| 经　　售 | 北京科水图书销售有限公司<br>电话：（010）68545874、63202643<br>全国各地新华书店和相关出版物销售网点 |
| 排　　版 | 中国水利水电出版社微机排版中心 |
| 印　　刷 | 天津嘉恒印务有限公司 |
| 规　　格 | 170mm×240mm　16开本　10.5印张　206千字 |
| 版　　次 | 2024年3月第1版　2024年3月第1次印刷 |
| 印　　数 | 0001—1000册 |
| 定　　价 | 59.00元 |

凡购买我社图书，如有缺页、倒页、脱页的，本社营销中心负责调换
**版权所有·侵权必究**

# 前　言

　　江河湖泊治理保护是关系中华民族伟大复兴的千秋大计。随着经济社会高质量发展要求的提出以及人民对美好生活需求的日益增长，我国河湖保护、治理和管理进入了新阶段，对河湖的防洪供水保障作用、生态环境保护功能和为经济社会服务能力等提出了更高要求。2019年9月18日，习近平总书记在黄河流域生态保护和高质量发展座谈会上发出了"让黄河成为造福人民的幸福河"的伟大号召，为黄河流域生态保护和高质量发展指明了方向。把河湖建设成造福人民的幸福河湖，无疑是我国治河事业的新思想、新方向，已成为我国新时期河湖治理的根本遵循。

　　近年来，我国很多学者开展了一系列幸福河湖理论探索，提出了多个概念性成果和评估方法，对指导幸福河湖实践发挥了重要作用。同时，全国各地结合河湖长制工作的推进以及当地实际，开展了大量幸福河湖实践探索。2022年，水利部开展了全国幸福河湖建设试点工作，遴选了首批7个幸福河湖建设试点。通过创新探索，各地已形成了丰富的实践经验，制定了多部幸福河湖地方标准、评定办法和实施意见，对推动我国幸福河湖建设和管理发挥了重要作用。

　　自2019年起，作者团队先后主持开展了浙江省湖州市南浔区幸福河湖特色项目策划与地方标准研究、浙江省温州市珊溪-赵山渡水库幸福水源创建规划编制、重庆市地方标准《幸福河湖评价规范》研究、福建省地方标准《独流入海型河流生态建设指南》研究、福建省地方标准《幸福河湖评价导则》研究、福建省木兰溪幸福河湖实现路径研究、浙江省龙游县灵山港幸福河湖试点项目研究、安徽省滁州市明湖幸福河湖研究等科研实践。本书是作者团队近年来开展的大量幸福河湖相关研究探索工作的总结和凝练。

　　本书借鉴幸福、生态、和谐理念，从幸福河湖的基本内涵出发，分析幸福河湖的特征要求，提出幸福河湖定量评价的指标体系，构建河湖幸福指数的计算模型，进而提出幸福河湖建设的措施与策略。以浙江省湖州市南浔区河湖为例，定量评价典型河湖的幸福等级，剖析现状与问题，提出幸福河湖建设的构架体系、主要项目布局及其主题特色，为南浔区经济社会高质量发展提供了基础支撑。

全书共6章。第1章1.1节、第2章2.2~2.4节由夏继红撰写；第4章、第6章由夏继红、王为木撰写；第3章和第5章由夏继红、董姝楠和盛丽婷撰写；第1章1.2节、1.3节，第2章2.1节由夏继红、蔡旺炜、林国富撰写。全书由夏继红统稿。王玥、祖加翼、黎景江、刘秀君、刘则雯、王奇花、许珂君等参与了资料收集整理、数据分析、照片拍摄等工作。

本书研究工作得到科技基础资源调查专项课题"鱼类栖息地特征调查与功能作用分析"（2022FY100404）、国家重点研发计划"蓝色粮仓科技创新"重点专项课题"生态灾害对渔业生境和生物多样性的影响及其预测评估"（2018YFD0900805）、福建省水利科技项目"基于系统论的幸福木兰溪系统治理的适配模式及关键技术研究"（MSK202403）、福建省水利科技项目"木兰溪'变害为利 造福人民'的实现程度计算与评价方法研究"（MSK202404）的资助，在此表示衷心感谢！

衷心感谢河海大学郑金海教授、李轶教授、鞠茂森教授的悉心指导！在作者团队开展幸福河湖研究及本书成稿过程中，浙江省水利厅张民强、胡玲、韩玉玲，浙江省湖州市南浔区水利局朱建章、沈敏毅、孙国华、钱立明，浙江省温州市水利局薛盛况、夏志昌、张荣臻、刘纪动、陈敬润、董旭、陈晓蕾，浙江省水利河口研究院尤爱菊、胡可可、余根听，浙江省龙游县林业水利局汪颖俊、程越洲，福建省莆田市水利局林国富、黄德元、蔡开国，重庆市水利局吴大伦、冯琦，福建省水利厅谢光球、李巍给予了大力支持和热心帮助，在此表示衷心感谢！本书的成稿离不开国内外多个学者的先行研究成果，衷心感谢本书借鉴和引用的参考文献的作者们！

幸福河湖是一个涉及面广、综合性强的研究课题。作者水平有限且受撰写时间所限，书中疏漏之处在所难免，敬请广大读者批评指正。

作者

2022年9月于南京

# 目 录

前言

第1章 绪论 ······································································· 1
　1.1 背景意义 ································································· 1
　1.2 研究进展 ································································· 2
　1.3 本书主要内容 ···························································· 8

第2章 幸福河湖的内涵和特征 ················································· 10
　2.1 河湖的基本特点与功能 ················································ 10
　2.2 幸福、幸福感与幸福观 ················································ 19
　2.3 幸福河湖的概念与内涵 ················································ 21
　2.4 幸福河湖的基本要求与特征 ·········································· 24

第3章 幸福河湖评价方法 ······················································ 29
　3.1 幸福河湖的主观评价方法 ············································· 29
　3.2 幸福河湖的客观评价方法 ············································· 34
　3.3 评价指标体系 ··························································· 37
　3.4 幸福指数计算方法与等级划分 ······································· 56

第4章 幸福河湖建设思路与方法体系 ······································· 59
　4.1 建设目标与原则 ························································ 59
　4.2 建设内容与总体思路 ·················································· 61
　4.3 建设的总体策略与方法体系 ·········································· 64
　4.4 典型区域幸福河湖建设的探索与创新 ······························ 68

第5章 浙江省湖州市南浔区幸福河湖评价 ································· 83
　5.1 基本概况 ································································ 83
　5.2 现状分析 ································································ 90
　5.3 评价指标筛选与权重确定 ············································ 92
　5.4 典型河湖幸福程度评价 ··············································· 98

第6章 浙江省湖州市南浔区幸福河湖建设措施 ··························· 128
　6.1 总体目标与布局 ······················································· 128

| | | |
|---|---|---|
| 6.2 | "安全保障"型幸福河湖建设 | 131 |
| 6.3 | "生态保护"型幸福河湖建设 | 133 |
| 6.4 | "水美乡村"型幸福河湖建设 | 135 |
| 6.5 | "滨水健身"型幸福河湖建设 | 137 |
| 6.6 | "亲水度假"型幸福河湖建设 | 138 |
| 6.7 | "乐水运动"型幸福河湖建设 | 140 |
| 6.8 | "古镇景观"型幸福河湖建设 | 141 |
| 6.9 | "水韵文化"型幸福河湖建设 | 143 |
| 6.10 | "高效节水"型幸福河湖建设 | 145 |
| 6.11 | "智慧水+"型幸福河湖项目 | 148 |
| 6.12 | 特色成效 | 149 |

参考文献 ………………………………………………………………… 156

# 第1章 绪　　论

## 1.1　背景意义

我国地理气候条件复杂，水资源时空分布不均，人均水资源占有量较低，水灾害事件时有发生，是世界上水情最为复杂、治水最具有挑战性的国家。改革开放后，我国的经济得到快速发展，很多地方出现"唯GDP论"的发展模式，使得河湖问题在过去相当长时间内普遍存在，主要表现在两个方面：一是人水争地、侵占岸线、非法采砂、非法养殖，导致河湖生态空间缩小，行洪不畅，严重破坏河湖生态环境；二是违规取水、超标排污，造成水资源开发利用程度高，河湖生态功能严重退化。据统计，2020年全国仍有25.1%的河段水质在Ⅲ类以下，部分河湖水体黑臭，鱼虾绝迹，生态功能丧失。

党的十八大以来，我国对环境保护以及生态文明建设给予高度重视，提出了"保护生态环境就是保护生产力"、"良好的生态环境是最普惠的民生福祉"以及"保护生态环境和发展经济从根本上是相辅相成的"等论断，不断加大对河湖的综合整治力度，成效显著。但河湖生态系统恢复还有很长的路要走。习近平总书记多次就治水发表重要讲话、作出重要指示，明确提出"节水优先、空间均衡、系统治理、两手发力"治水思路。2019年9月18日，习近平总书记在郑州主持召开黄河流域生态保护和高质量发展座谈会并发表重要讲话指出，要着力加强生态保护治理、保障黄河长治久安、促进全流域高质量发展、改善人民群众生活、保护传承弘扬黄河文化，让黄河成为造福人民的幸福河（习近平，2019）。2021年10月22日，习近平总书记在山东济南主持召开深入推动黄河流域生态保护和高质量发展座谈会强调，要确保"十四五"时期黄河流域生态保护和高质量发展取得明显成效，为黄河永远造福中华民族而不懈奋斗（人民日报，2021）。党中央将黄河流域生态保护和高质量发展上升为国家战略，提出建设"幸福河"的号召，体现了新时代的治水思想，是中华治水文化的最新成果，为黄河治理保护指明了方向，也为新时期我国江河治理保护提供了遵循。

江河湖泊治理保护是关系中华民族伟大复兴的千秋大计。当前，我国经济

第 1 章 绪论

发展已经从高速增长阶段转向高质量发展阶段，人民的需求不再停留在"物质文化需要"，而是扩展为对日益增长的美好生活的"新需要"，人民群众从过去"求生存"到现在"求生态"，从过去"盼温饱"到现在"盼美好"。我国社会主要矛盾已经转化为人民日益增长的美好生活需要和不平衡不充分的发展之间的矛盾。为满足人民群众对"幸福河湖"的向往，不仅要继续加强水利工程安全，而且需下大气力解决水安全、水资源短缺、水生态损害、水环境污染等问题。治河是为了提高人民福祉，把河湖治理成造福人民的幸福河湖，无疑是几千年中国治水史的最高境界。我们应立足水资源禀赋与经济社会发展布局不相匹配的基本特征，破解水资源配置与经济社会发展需求不相适应的突出瓶颈，坚持把水资源作为最大的刚性约束，把水资源节约保护贯穿水利工程补短板、水利行业强监管全过程，融入经济社会发展和生态文明建设各方面，科学谋划水资源配置战略格局，促进实现防洪保安全、优质水资源、健康水生态、宜居水环境、先进水文化相统一的江河治理保护目标，建设造福人民的幸福河湖。实现幸福河目标是贯穿新时代江河治理保护的一条主线，更是全国河湖治理保护的根本指引。因此，"幸福河"的提出既是历史治水任务的传承，更是新的历史发展阶段国家水治理的新高度，让每条河流都成为造福人民的幸福河，是推动流域高质量发展的支撑和保障，也是实现人民美好生活向往的必然要求。因此，进入新发展阶段，河湖治理需按照科学合理的治河理念，与推进高质量发展协调起来，与满足人民美好生活需要结合起来，建设幸福河湖，创造高品质生活，有效推动高质量发展，对于河湖生态环境保护和社会可持续发展意义重大。

河流是自然生态中最重要的因子，构成河流的流域覆盖着每一寸国土，关系和影响着山水林田湖草整个生态系统。幸福河湖是生态文明的重要标志。要倾力打造幸福河湖，绝不只是直观意义上的"河"与"湖"，应从更大的视角来认知，从整个生态文明建设的高度来研究落实，全面系统地将河湖健康、水安全保障与人民群众的获得感、幸福感紧密交融，让祖国大地上的每一条河、每一个湖成为人民群众心中的幸福河湖。

## 1.2 研究进展

### 1.2.1 我国河湖治理与管理的发展历程
#### 1.2.1.1 我国河湖治理发展历程

历来，我国非常重视河湖治理和管理。纵观我国河道治理发展历程，可以大致分成以下几个阶段：第一阶段，被动防御阶段。新中国成立之前，我国的河道治理基本上是随着自然的变化而被动采取治理措施。我国古代就曾有使用柳枝、竹子、块石等措施来稳固河岸和渠道。明代的刘天和总结了历代植柳固堤的经验，开创了包括"卧柳""低柳""编柳""深柳""漫柳""高柳"的"植柳六法"，成为生物抗洪、水土保持、改善生态环境、营造优美景观的有效措施。第二阶段，资源利用式治理阶段。新中国成立以来，我国河湖治理取得了举世瞩目的成就。20世纪50—70年代，由于生产发展模式与实际需求的共同作用，虽然在河道建设上已取得了一定的成绩，但往往是通过"人多力量大"的方式建设完成的，缺乏科学的规划。而且，为了尽可能地扩大粮食产量，采取了填湖填河造地，造成了众多河道整体上的流通不畅。第三阶段，生态可持续发展阶段。20世纪90年代以后，伴随几十年的经济发展，很多地区在生活经济方面得到满足的同时，也越来越注重生活的品质，河湖治理开始从传统的片面发展观念向综合生态的方向转变。在满足对河湖基本功能需求的基础上，融入更多的社会功能与生态功能。1999年以来，我国在借鉴国外经验和技术的基础上，开展了一系列河道生态治理方面的研究与探索。1999年，杨芸（1999）对自然型河流治理法对河流生态环境的影响进行了研究，结合成都府南河多自然型护岸工程，整理和分析了多自然型河流治理法常用方法。2003年，董哲仁（2003）分析了河流形态多样性与生物群落多样性的关系，结合生态学原理，提出了"生态水工学"的概念，指出水利工程在满足人类社会需求的同时，兼顾水域生态系统健康性需求。2003年，夏继红和严忠民（2003）综合分析了传统河岸带建设的负面影响，提出了生态护岸的概念和设计原则。2004年，杨海军等（2004，2005）开展了城市受损河岸近自然修复过程的自组织机理研究。2004年，王超等（2004）研究了城市水生态系统建设中的生态河床和生态护岸构建技术，提出了适应不同河道断面形式的生态河床构建、修复的手段及新型生态型材料。2006年，张纵等（2006）结合南京市滨水绿地建设，提出了城市河流景观建设应视情况不同实施生态工法。2009年以来，韩玉玲等（2009）研究了河道生态建设中的植物措施技术，提出了多种配置模式，在浙江省多条河道得以推广应用，取得了较好的生态效益。近年来，治河理念不断发展，河流生态治理、美丽河湖建设等实践探索在全国各地取得了瞩目成效，获得了全社会广泛好评，很大程度上增加了人民群众的幸福感，河流正朝着幸福河湖迈进。在河流保护与管理的进程中，人们对河流的治理目标经历了重水量—重水质—重生态到关注人民福祉、人水和谐共生的发展阶段。

**1.2.1.2 我国河湖管理发展历程**

我国河流管理也从灾害防御管理阶段、资源利用管理阶段到生态修复管理阶段与和谐发展管理阶段（图1.1）。在这一历程中，出现了一系列新的名词，如"健康河流""清洁河流""生态河流""美丽河流""幸福河"等，其中讨论较广泛、研究较深入的是"健康河流""生态河流"。这些名词对推动我国河流高效管理和治理发挥了重要作用。

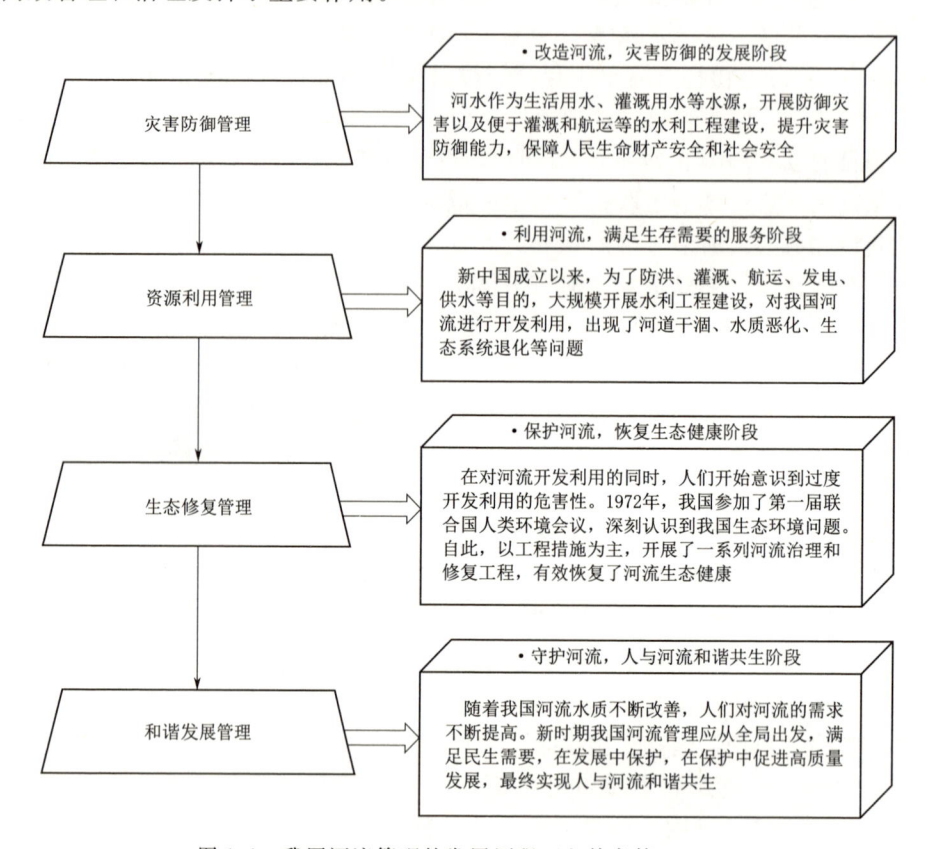

```
灾害防御管理 → ・改造河流，灾害防御的发展阶段
                河水作为生活用水、灌溉用水等水源，开展防御灾
                害以及便于灌溉和航运等的水利工程建设，提升灾害
                防御能力，保障人民生命财产安全和社会安全
    ↓
资源利用管理 → ・利用河流，满足生存需要的服务阶段
                新中国成立以来，为了防洪、灌溉、航运、发电、
                供水等目的，大规模开展水利工程建设，对我国河
                流进行开发利用，出现了河道干涸、水质恶化、生
                态系统退化等问题
    ↓
生态修复管理 → ・保护河流，恢复生态健康阶段
                在对河流开发利用的同时，人们开始意识到过度
                开发利用的危害性。1972年，我国参加了第一届联
                合国人类环境会议，深刻认识到我国生态环境问题。
                自此，以工程措施为主，开展了一系列河流治理和
                修复工程，有效恢复了河流生态健康
    ↓
和谐发展管理 → ・守护河流，人与河流和谐共生阶段
                随着我国河流水质不断改善，人们对河流的需求
                不断提高。新时期我国河流管理应从全局出发，满
                足民生需要，在发展中保护，在保护中促进高质量
                发展，最终实现人与河流和谐共生
```

图 1.1　我国河流管理的发展历程（左其亭等，2020）

"河流健康"一词最早来源于人体健康，是人们为了更好地评价河流状况、改善河流管理而从水质、水生生物、水生态等多个方面提出的服务于河流管理和评价的手段和工具。这里的健康是指河流的基本生态系统得以有效维护，上、中、下游承担各自的功能，以上游地区的有效保护保障中下游地区水资源的合理利用。健康并不是原生态。片面追求原生态，并不是生态文明的本意，而应该在最大限度满足人类需求的基础上保护自然生态，同时在保护生态环境过程中协调好人类对自然的各种需求。2012年，韩玉玲等（2012）根据河流的特点，开展了河流健康诊断技术研究，系统地提出了河流健康诊断指标、诊断模型，自主开发了基于GIS的河流健康诊断技术。

衡量河流是否健康，可采用生物多样性与河流水质理化指标等进行综合评价。河流生命力表现为以河流资源的可持续利用促进经济社会的高质量发展。就河流资源而言，最重要的是水资源。解决河流资源的天然丰枯不均、实现可持续利用的有效手段是建设水利工程。通过水利工程的有效调节调度来实现人

口资源集聚地区的用水需求，改善河川径流的时空分布，既实现人民群众生活生产的各类需求，又有效改善河川本身的丰枯属性。例如，由于新安江水库等一大批水利工程建设，有效地调节了浙江严重不均的水资源分布规律，削减了洪水影响，保证了下游地区防洪和供水、生态、环境用水的需求，从而改善了浙江经济社会发展的自然条件，实现了河流生态与经济的协调发展，有力地支撑了浙江省的经济社会发展规模。

现阶段，我国在河流保护与治理方面开展了大量探索和实践，河流水质得到明显好转，生态环境逐渐改善。但是，我国的河流本身也存在着很多客观问题，比如水量空间分布很不均匀、人均占有量极低，河流生态系统相对脆弱，加上我国近些年来工业化与城市化进程不断加快带来的压力，我国的河流保护工作和社会发展需求之间仍然存在比较大的矛盾。人水和谐理念成为新时期治水思想的核心内容，人与河流和谐相处是人类社会发展的必需和永恒的追求。因此，作为新时期我国河流治理的新目标，对于幸福河湖概念及内涵的解读也应基于人水和谐的视角。

### 1.2.2 幸福河湖概念界定

任何系统在自然界都不是孤立存在的，河流也是如此，它不仅是自然的河流，也是社会的河流。因此，对幸福河的理解，不仅包含河流的自然属性，也应包含社会属性，是河流生态保护与人类经济社会对河流需求总体上的一种平衡。不同的学者或机构从不同的角度提出了多种"幸福河"的概念。

左其亭等（2020）在对黄河流域生态保护和高质量发展国家战略的提出背景及发展目标进行系统分析的基础上认为，幸福河就是造福人民的河流，具体来说，幸福河是指河流安全流畅、水资源供需相对平衡、河流生态系统健康，在维持河流生态系统自然结构和功能稳定的基础上，能够持续满足人类社会合理需求，人与河流和谐相处的造福人民的河流。珠江水利委员会紧密联系珠江发展历史和治理历程，充分考虑珠江特色，研究提出了"幸福珠江"建设的内涵要义、评价指标等，提出幸福珠江建设要"以人民为中心"，注重作为幸福的主体——人的感受；要更加贴合珠江实际，进一步丰富完善"幸福珠江"的内涵要义、评价指标，重视公众调查，将系统治理贯彻到"幸福珠江"建设思路中。赵建军（2020）认为，幸福河建设是以满足人的生态安全需要、经济发展需要、民生福祉需要、文化积淀需要，进而实现人水和谐共生为指引方向的。罗小云（2020）认为，幸福河呈现的是一幅人与自然的"和谐图"，幸福河是幸福感觉的来源，幸福河是生活生产的需求，幸福河是人类文明的载体，必须坚持人与自然和谐共生，在改造和利用河流的同时，尊重河流、善待河流、保护河流，满足公众参与治水，促进沿岸百姓产业兴旺，助力乡村振兴，支撑全面小康，建设美丽家园，让河流永葆生机活力。唐克旺（2020）认为，幸福河应

第 1 章　绪论

是能够给流域人民带来幸福感的河流。这一概念中又包括两个层面含义：一是流域居民对人水关系的心理满意度；二是影响这些满意度的外部因素，尤其是水治理的现代化水平，毕竟河流本身不能自动地服务人类发展，需要人类发挥主观能动性。陈茂山等（2020）从马克思主义的幸福观出发，以人与河流自身以及两者的内在联系进一步分析阐述幸福河的内涵，认为从人的角度看，幸福河首先要满足人民群众对美好生活的向往；从河流的角度看，幸福河要维持河流生态系统自身的健康；从人与河流的关系看，幸福河要坚持人水和谐，实现流域高质量发展。李先明（2020）从河流的精神层面研究认为，先进水文化也是幸福河概念的应有之义。王平和郦建强（2020）认为，幸福河就是在维持河流自身健康的基础上，能够有效保障防洪安全，持续提供优质水资源、健康水生态、宜居水环境、先进水文化，这是幸福河的内在要求，能够为人民营造美好生活提供基本空间，能够支撑流域经济社会高质量发展，让人民有安全感、获得感、满足感、幸福感的河流。从以上含义来看，不同的学者对幸福河湖的理解不尽相同，其深刻内涵和特征有待深入探讨。

### 1.2.3　幸福河湖评价研究

新时期，保护河流生态健康、推动社会经济发展、传承弘扬江河文化是实现人民对美好生活向往的重要环节，建设幸福河湖成为新时期生态文明建设和区域协调发展的新目标。因此，明确幸福河湖的建设方向，系统构建幸福河湖的评价体系，是幸福河湖建设和管理的基础性工作。目前，已有很多学者在界定幸福河湖基本内涵的基础上，探索了幸福河湖评价准则、评价指标体系和评价方法。陈茂山等（2020）在分析人、河流及人与河流关系基础上，按照全面性、独立性、可获得性原则，构建了包括洪水防御有效、供水安全可靠、水生态健康、水环境良好、流域高质量发展及水文化传承等 6 个方面内容的评价指标体系。韩宇平和夏帆（2020）基于马斯洛需求层次论构建了包含流域自然属性、社会经济属性、人水和谐关系 3 个方面 26 项指标的幸福河评价指标体系，对黄河上中下游进行实例研究。匡尚富（2020）从防洪保安全、优质水资源、健康水生态、宜居水环境、先进水文化等 5 个方面构建了幸福河湖评价指标体系。唐克旺（2020）认为幸福河的评价应该遵循心理学基本原理，他从层次化结构角度，提出了幸福河评价的层次化多维度评估指标体系。张民强等（2021）在分析国内外国民幸福指数与河湖幸福指数评估方法的基础上，探讨提出适用于浙江省独立河流（湖泊）、县域与流域 3 种类型的河湖幸福指数评估指标体系与评估办法，从安全保障、生态健康、高效管护、美丽宜居、产业富民 5 个维度，构建了由健康指数、美丽指数、富民指数组成的"河湖幸福指数"计算与评价体系。左其亭等（2021）从安全运行、持续供给、生态健康、和谐发展 4 个方面提出了幸福河湖的判断准则和评价指标体系，采用"单指标量化-多指标综合-多准则集成"的方法对幸福河进行定量评价。贡力等（2022）引入 ERG (Existence Relatedness Growth，生存、相互关系、成长）理论，从生存、生态和发展 3 个方面建立幸福河评价的 ERG 需求模型，针对细化的评价指标，运用投影寻踪模型，构建出河流幸福等级与幸福河评价指标的复杂非线性关系的 IP-SO-PPE 模型，并以黄河为研究对象进行了评价应用。由于我国幅员辽阔，无论是在时间上还是空间上，幸福河湖都极为复杂、差异性非常大，因此，幸福河湖评价应该是多维度的，既要考虑防洪安全、水资源合理需求保障、生态环境要素等"刚性"约束，也要考虑河流景观、水文化、休闲便民措施等"弹性"指标，还应考虑居民的感受，只有人民才能真正感受到幸福与否。幸福河湖评价还处于初步探索阶段，幸福河湖评价指标体系和评价方法仍需进一步完善。

### 1.2.4　幸福河湖主要实践

2019 以来，全国多地开展了一系列幸福河湖探索与实践。2022 年，水利部根据河湖建设需要，在全国遴选了首批 7 个幸福河湖建设项目试点，包括重庆市永川区临江河、江苏省南通市焦港河、浙江省龙游县灵山港、福建省漳州市九十九湾、广东省广州市南岗河、江西省抚州市宜水河、安徽省滁州市明湖。

浙江省在系统分析河湖水系特点、河湖治理发展阶段、经济社会发展需求、人文禀赋特色等基础上，结合生态河道建设、美丽河湖建设工作，深入研究了浙江省幸福河湖建设总体目标、布局与主要任务，提出了浙江省幸福河湖建设总体思路（朱法君，2020；张民强等，2021）。2020 年，河海大学与浙江省湖州市南浔区水利局共同研究提出了幸福河湖评价、建设和管理体系，制定发布了《平原区幸福河湖建设规范》（DB 330503/T 15—2020）、《平原区幸福河湖评价规范》（DB 330503/T 16—2020）、《平原区幸福河湖管护规范》（DB 330503/T 17—2021）3 部全国首套幸福河湖系列地方标准，并按照标准编制了《南浔区幸福河湖建设规划》《南浔区幸福河湖三年行动方案》《南浔区幸福河湖示范点概念方案》（夏继红等，2021）。2021 年浙江省颁发了《幸福河湖建设行动方案》，计划每年在全省遴选幸福河湖建设试点县。2022 年，浙江省温州市针对珊溪水源保护的实际需求，从防洪保安全、优质水资源、健康水生态、宜居水环境、绿色水经济等方面提出了"幸福水源"的概念和要求，编制了《珊溪幸福水源创建规划》《珊溪幸福水源创建行动方案》，提出了一系列幸福水源创建举措，为浙江省幸福河湖建设和管理的有序开展积累了丰富经验（陈敬润等，2022）。

福建省积极探索幸福河湖的建设和推进机制，总结成功经验，从标准化的角度探索幸福河湖的建设与评价方法，分别于 2022 年 11 月、2023 年 6 月制定了福建省地方标准《独流入海型河流生态建设指南》（DB 35/T 2095—2022）和《幸福河湖评价导则》（DB 35/T 2113—2023）。2022 年 3 月，福建省成立了全国首个省级幸福河湖促进会，该促进会由福建省内从事河湖领域的管理者、研

## 第 1 章　绪论

者和实践者组成，旨在架起政府与社会间沟通的桥梁，形成职能部门与科研院校、企事业单位合作的纽带，致力打造"安全、健康、生态、美丽、和谐"的幸福河湖。全省各市也积极开展幸福河湖实现路径和评选工作。莆田市以建设"幸福木兰溪"为主线，进行了一系列探索和实践。莆田市以木兰溪综合治理统揽莆田高质量发展，集成实施"千古木兰溪、百里江山图、十里风光带"工程，打造统揽莆田高质量发展、造福人民的生态带、文化带、健康带、产业带、创新带。莆田市制定了《莆田市幸福河湖评定办法》《幸福河湖评分细则》。

江苏省顺应经济社会发展的迫切需要，全域推进幸福河湖建设。把幸福河湖建设作为新阶段河长制发展的根本要求和最终目标，2021年6月19日，省总河长发出《关于全力建设幸福河湖的动员令》，强调了幸福河湖对于推动河湖治理保护方式变革、助力经济社会高质量发展、建设美丽江苏、提升人民群众福祉的重要意义，明晰了水安全、水资源、水环境、水生态、水文化建设方面的任务，要求立足新发展阶段，坚决贯彻新发展理念，服务构建新发展格局，全域打造"河安湖晏、水清岸绿、鱼翔浅底、文昌人和"的幸福河湖。为规范幸福河湖评价工作，江苏省河长办制定实施了《江苏省幸福河湖评价办法（试行）》，以"河安湖晏、水清岸绿、鱼翔浅底、文昌人和、群众满意"为要素层，明确规定了评价办法的适用范围、评价原则、评价程序、监督管理等方面内容。具体评价指标参考多个行业和地方的标准，注重好用实用，切实考虑信息的可获取性，同时配套制定了评分标准及赋分说明。

## 1.3　本书主要内容

第1章绪论主要介绍本书的研究背景意义，论述我国河流管理的发展历程、全国幸福河湖评价和主要实践进展。

第2章主要介绍河湖的基本特征、功能与现状问题，阐明幸福感与幸福观的含义，将幸福与河湖相结合，全面阐述幸福河湖的概念、内容、特征和基本要求。

第3章从主观和客观两个角度提出幸福河湖的评价方法，并将两者有机融合，详细阐述幸福河湖评价的指标体系及具体指标的含义，确定指标值和河湖幸福指数的计算方法，提出河湖幸福等级及相应幸福指数阈值，并对各等级幸福河湖的基本状态进行定性描述。

第4章介绍幸福河湖建设的目标任务、基本原则、建设内容、总体思路和主要对策等，并对浙江、江苏、江西、福建等地开展的典型幸福河湖探索与创新进行总结和评述。

第5章以浙江省湖州市南浔区为例，介绍区域水系现状，分析河湖建设措施、成效和主要问题，有针对性提出幸福河湖评价指标体系，确定指标权重，并选取典型河湖进行幸福程度评价。

第 6 章详细阐述南浔区幸福河湖建设实践，介绍南浔区幸福河湖建设的总体目标、建设布局、保障体系和建设成效，并详细阐述不同类型幸福河湖的建设特色、要求和任务。

# 第 2 章  幸福河湖的内涵和特征

## 2.1 河湖的基本特点与功能

### 2.1.1 河流的基本特点

河流是由溪流汇集而成的,源头河流是无分支的小溪流,为 1 级河流,它属于最小的河流;当两个或更多的 1 级河流汇合后就会形成稍大的 2 级河流,两个 2 级河流汇合就会形成更大的 3 级河流。河流等级的提高只能靠两个同级河流的汇合来实现,级别较低河流的汇入并不能提高河流的级别。一般而言,源头区的河流属于 1~3 级,中等大小的河流属于 4~6 级。我国河流众多,水系庞大而复杂,流域面积大于 $100km^2$ 的河流有 50000 多条,其中流域面积超过 $1000km^2$ 的河流有 1500 多条。我国内陆水域的总面积约占国土总面积的 2.8%。在内陆水域面积中,江河面积约占 45%。从不同角度分,河流生态系统的类型有多种不同的划分方法。按照河流汇流特征划分,河流生态系统可以分为干流生态系统、支流生态系统。干流生态系统是水系中主要的或最大的、汇集全流域径流的并注入另一水体(海洋、湖泊或其他河流)的河流生态系统。干流通常比较粗,支流生态系统通常指直接或间接汇入干流的河流生态系统。按照人口集聚程度划分,河流生态系统可以分为城市河流生态系统和农村河流生态系统。按照地貌形态特征划分,河流生态系统可以分为平原性河流生态系统和山丘性河流生态系统。按照受潮汐影响状况划分,河流生态系统可以分为沿海河流生态系统和内陆河流生态系统(林俊强和彭期冬,2019;夏继红,2022)。

自然界的河流都是蜿蜒曲折的。河流的蜿蜒性使得河流形成干流、支流、河湾、沼泽、深潭和浅滩等丰富多样的生境,形成了河流生态系统的连续性结构特征。这一连续性既体现在地理空间上的连续性,也体现在生物学过程以及环境上的连续性。总体而言,河流生态系统的结构具有四维连续性结构特征,包括纵向连续性、横向连续性、垂向连续性和时间连续性(Ward,1989)。

1. 纵向连续性

1980 年,Vannote 等将由源头区的第一级河流起,流经各级河流或流域所形成一个连续的、流动的、独特而完整的系统,称为河流连续体(River Continuum Concept,RCC)(Vannote et al.,1980)。这一连续体表现为由上游的诸多小溪直至下游河口的河流生态系统纵向上的连续性，因此也称为河流生态系统的纵向连续体（图2.1）。其典型特征主要表现在：①在河流廊道尺度上，河流大多发源于高山，流经丘陵，穿过平原，最终到达河口。上游、中游、下游所流经地区的气候、水文、地貌和地质条件等有很大差异，上游河道较窄、坡度陡、流速快，形成了上游河流生态系统的急流生境；中下游河流变宽，坡降减小，流速变缓，形成了中下游河流生态系统中河漫滩及岸边湿地发育较好的多样性生境；河口区域由于受到河流淡水和海洋咸水的双重影响而成为不同于上

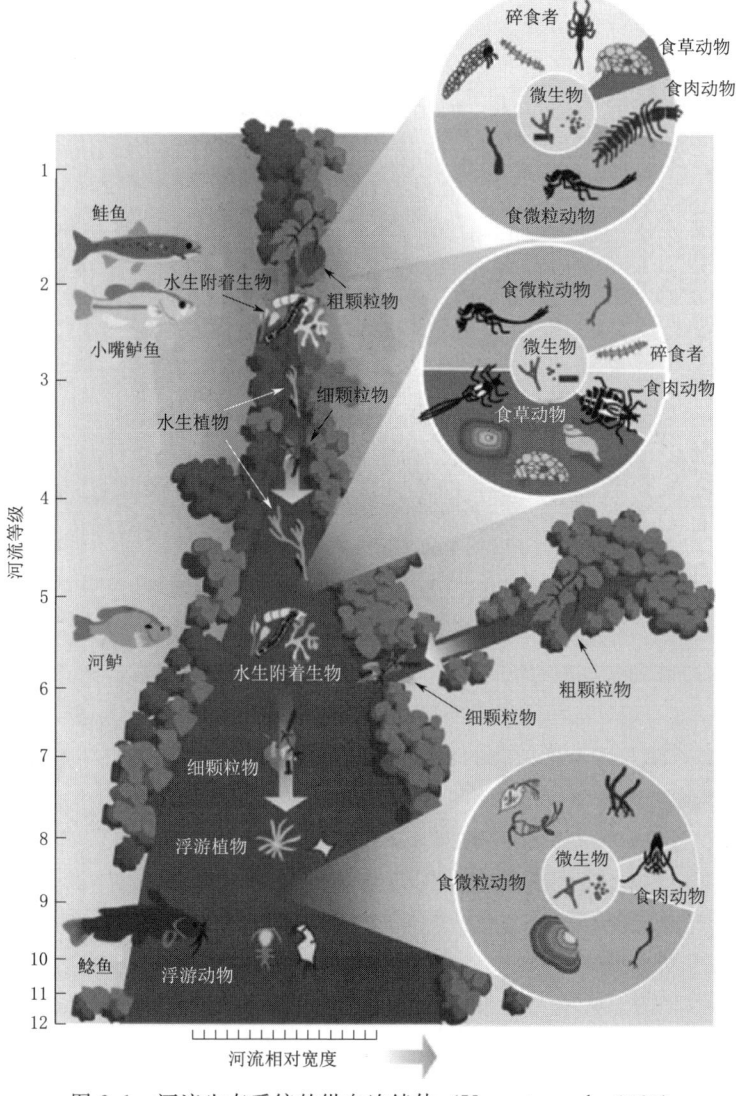

图2.1 河流生态系统的纵向连续体（Vannote et al，1980）

11

游、中游、下游的特殊生境条件。生物物种和群落随着生境条件的连续变化而不断进行调整和适应（Vannote et al，1980）。②在河段尺度上，由于河流纵向形态的蜿蜒性，导致了河道中浅滩和深潭交替出现，浅滩的水深较浅，流速较大，溶解氧含量充足，是很多水生动物的主要栖息地和觅食的场所；深潭的水深较深，流速较小，通常是鱼类良好的越冬场和避难所，同时还是缓慢释放到河流中的有机物的储存区。

2. 横向连续性

在横向上，河流生态系统由河道、河漫滩区以及高地边缘过渡带等组成，形成了从水域到陆域的河流生态系统横向上的连续性，构成了河流生态系统的横向连续体（图2.2）。河道是水流通道，是汇集和容纳地表和地下径流的主要场所，是河流生态系统的主体。河道及附属的浅水湖泊和湿地按区域可划分为沿岸带、敞水带和深水带，分别分布有挺水植物、浮水植物、沉水植物、浮游植物、浮游动物及鱼类等。河漫滩区是河道两侧受洪水影响、周期性淹没的区域，包括一些滩地、浅水湖泊和湿地。洪水脉冲发生时，河道与河漫滩区连通，河漫滩区储存洪水、截留泥沙、降低洪峰流量，为一些鱼类提供繁育场所和避难所；洪水退去时，洪泛区逐渐干涸，由于光照和土壤条件优越，是鸟类、两栖类动物和昆虫的重要栖息地。同时，河漫滩区适于各种湿生植物和大型水生植物的生长，可降低入河径流的污染物含量，富集或吸收径流中的有机物，起过滤或屏障作用。高地边缘过渡带（通常称为河岸带）是河漫滩区和陆地间的过渡带，常生长有丰富的乔木、灌木，形成了植被缓冲带。河岸带的植物美化了环境，并且起着调节水温、光线、径流、泥沙运动和营养物输入的作用。

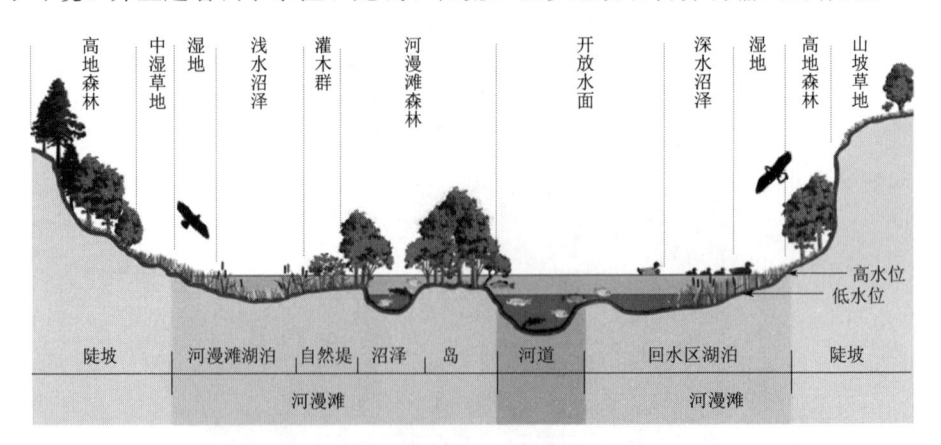

图2.2 河流生态系统的横向连续体（董哲仁等，2007）

3. 垂向连续性

在垂向上，河流可分为表层、中层、底层和基底，如图2.3所示。在表层，由于河水与大气接触的面积大，水气交换良好，特别在急流和瀑布河段，曝气作用更为明显，因而表层中溶解氧含量丰富，有利于喜氧性水生生物的生存和好氧性微生物的分解作用。另外，表层光照充足，利于植物的光合作用，因而表层分布有丰富的浮游植物，是河流初级生产的最主要水层。在中层和底层，太阳光的辐射作用随着水深加大而减弱，溶解氧含量下降，浮游生物随着水深的增加而逐渐减少。河流中的鱼类有营表层生活的，还有大量营中、底层生活的。基底的结构、组成、稳定性、含有的营养物质性质和数量等，都直接影响着水生生物的分布。大部分河流的河床由卵石、砾石、泥沙、黏土、淤泥等构成，具有透水性和多孔性，是连接地表水和地下水的通道，适合底栖生物和周丛生物的生存，又为一些鱼类提供了产卵场和孵化场。基底对许多生物起着支持、屏蔽、提供固着点和营养供给等作用。另外，基底中存在着地表水、地下水的相互作用地带，称为潜流带（hyporheic zone），该区域也是河流生态系统的重要组成部分，具有重要的生态功能（夏继红等，2020）。

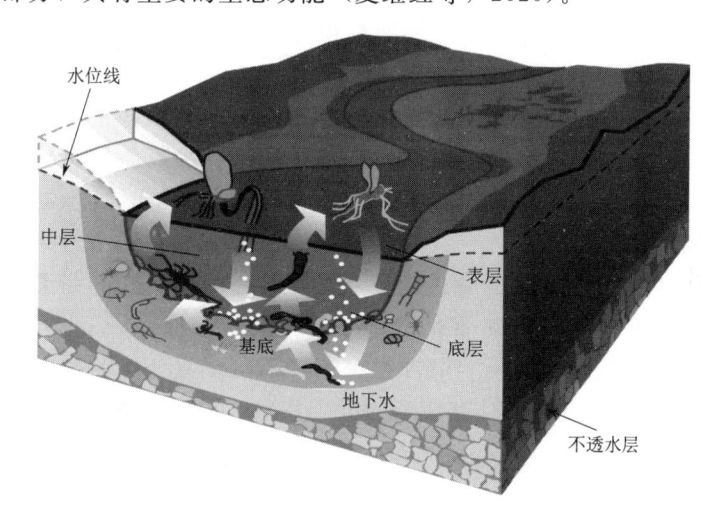

图 2.3　河流的垂向结构（Ward，1988）

4. 时间连续性

河流的生境要素具有随时间变化的特点，并呈现出一定的周期性变化规律，如光照、水文情势、水温、溶解氧、营养盐、pH 等具有昼夜变化和季节变化的特性。水生生物的生命活动及群落演替也会对生境条件的昼夜、季节、年际变化会做出动态响应。例如，浮游动物受到光照、水温或饵料等生境条件昼夜变化的影响，表现出昼夜垂直迁移的现象：①大多数种类白天在河流的中、底层，晚上上升到表层；②有的种类傍晚和拂晓在表层，其他时间在中、底层；③少数种类白天在表层，晚上在中、底层（张武昌，2000）。浮游植物的季节演替现象也非常显著。以长江流域的沅江为例，浮游植物生物量和多样性指数冬季最高，夏季最少；种类组成和密度秋季最大，夏季最小，鱼类的生命活动也具有明显的季节性变化的特点。长江中游的四大家鱼成鱼一年内的生命活动分为：生殖洄游期、繁殖期、索饵洄游期和越冬期（刘明典等，2007）。因此，在时间尺度上，河流生态系统始终处于连续动态变化过程中。但是各要素变化的时间尺度有长有短。例如，河流水文情势连续变化反映的是河流流量在季节尺度上的周期性变化，而河流地貌则是在更长时间尺度上的连续冲淤动态变化过程。河流生态系统的时间连续性既具有一定的周期性，但也带有较大的随机性。例如，不可预知的干旱、洪涝、高温、寒冻等极端水文、气候事件的发生会对河流生态系统产生剧烈影响，甚至对某些群落造成毁灭性破坏，但同时也给生态系统结构的不断演变注入了新动力。

### 2.1.2 湖（库）的基本特点

湖泊生态系统是典型的静水生态系统，地球上可利用的淡水大部分储存在湖泊中。我国现有湖泊约 2 万个，水面面积大于 $1km^2$ 的天然湖泊 2865 个，其中大于 $10km^2$ 的湖泊 696 个。同时，我国还有 10 万余座水库，总库容 4130 亿 $m^3$。我国湖泊（水库）水资源总量约 6380 亿 $m^3$，可开发利用量是地下水的 2.2 倍，占全国城镇饮用水水源的 50% 以上，湖泊和水库为我国城市提供了大部分的用水。

1. 分带和分层结构

湖泊生态系统具有明显的分带和分层结构特点。依据光的穿透程度和植物光合作用，湖泊可分为沿岸带（littoral zone）、湖沼带（limnetic zone）和深底带（profundal zone）（图 2.4）。沿岸带和深底带都有垂直分层的底栖带（benthic zone）。按照水深不同，湖泊具有明显的分层特点，可分为湖上层、湖下层、变温层。

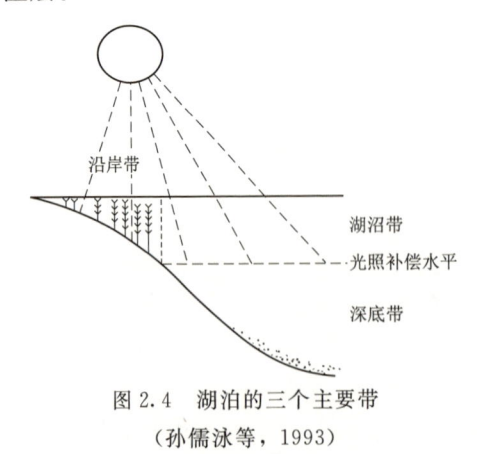

2. 生态因子

湖泊水流速度缓慢，水的更换周期长，底部沉淀较多。在湖泊的沿岸带，阳光能穿透到底，常有有根植物生长，加之阳光透入，能有效地进行光合作用，故在湖泊中生长了大量的浮游生物。湖泊生态系统中的物种与群落的生长，是湖泊环境与生态因子共同作用的结果。影响湖泊生态系统的生态因子主要有水流、光线、温度、盐度、溶解氧等。不同湖泊生态系统

图 2.4 湖泊的三个主要带
（孙儒泳等，1993）

由于其位置、成因等诸多方面的差异，各生态因子的作用往往有不同的表现，同一湖泊的不同位置其生态因子的作用也存在一定的差异。

（1）水流。湖泊中最重要的水流运动是风引起的湖水运动。湖水的运动有助于湖水更新氧气与营养物质。但不同季节，湖水运动有较大差异。夏季，风使表层湖水与湖沼带湖水相互混合；当冬季湖水结冰时，冰层将阻碍湖水的混合运动。

（2）光线。湖水的颜色有深蓝、黄色、棕色甚至红色，主要取决于湖泊吸收的光线。影响湖泊吸收光线的因素很多，主要有化学因素与生物因素。例如，当湖泊中的营养物质含量较大时，生物会减少光线的穿透，这样的湖泊多呈现出深蓝色。

（3）温度。太阳辐射热是湖水的主要热量来源。水汽凝结潜热、有机物分解产生的热和地表传导热也是热量收入的组成部分。在气温较高的季节，湖水表层温度高于湖沼带。在冬季，当湖水结冰时，冰层下的水温接近0℃，而底部的水温大约为4℃。

（4）盐度。世界上湖水平均盐度是0.120‰，远远小于海洋平均盐度，但不同地区湖水盐度变化大于海洋盐度变化。

（5）溶解氧。湖水运动与生物作用对湖水溶解氧大小有明显影响。湖水混合充分而生物耗氧小的湖泊溶解氧含量大。另外，含氧量还会随着水热条件而变化。在冬季，湖水的含氧量较低，尤其是结冰的湖泊。

3. 生物群落

湖泊生态系统的生物群落丰富多样，并有明显分层与分带现象。水生植物丰富，有挺水植物、漂浮植物、沉水植物及植物上生活的各种水生昆虫及肺螺类等。在水层中生活有各种浮游生物及鱼类等，底泥层生活着各种需氧量少的摇蚊幼虫、螺、蚌类、水蚯蚓及虾、蟹等。此外，湖泊的各部分还广泛分布着各种微生物。各类水生生物群落之间及其与水环境之间维持着特定的物质循环和能量流动，构成一个完整的生态单元。依据光的穿透程度和植物光合作用，湖泊包括沿岸带、湖沼带、深底带。沿岸带和深底带都有垂直分层的底栖带（benthic zone）。各区域具有不同的生物群落组成。

（1）沿岸带。沿岸带有根植物较多，包括沉水植物、浮水植物、挺水植物等亚带，并逐渐过渡到陆生群落。这里的优势植物是挺水植物，植物的数量及分布依水深和水位波动而有所不同。浅水处有灯芯草和苔草，稍深处有香蒲和芦苇、慈姑和海寿属植物等。再向内就形成一个浮叶根生植物带，主要植物有眼子菜和百合。这些浮叶根生植物大都根系不发达但有很发达的通气组织。水再深一些当浮叶根生植物无法生长的时候就会出现沉水植物，常见的有轮藻。沉水植物缺乏角质膜，叶多裂呈丝状可从水中直接吸收气体和营养物质。沿岸带的消费者种类极其丰富，主要有螺类、某些昆虫幼虫、原生动物、水螅、轮虫、各种蠕虫、苔藓虫等。一些消费者（尤其是附生生活的动物）常呈现出与有根植物分布相平行的水平成带分布；另一些消费者则会分布在整个沿岸带，且垂直成带现象比水平成带更为明显。

（2）湖沼带。湖沼带的主要生物是浮游植物和浮游动物。鼓藻、硅藻和丝藻等浮游植物是整个湖沼带食物链的基础，这些藻类个体小，但生产力相当高。消费者主要包括浮游动物和各种鱼类。浮游动物主要为桡足类、枝角类和轮虫，它们以原生动物为食，是湖沼带能量流动的一个重要环节。湖沼带的鱼类的分布主要受食物、含氧量和水温的影响。例如，大嘴皱鱼和狗鱼等在夏季食物丰富，常分布在温暖的表层水中，冬季则回到深水中。

（3）深底带。深底带的生物决定于来自湖沼带的营养物、能量、氧气供应和水温。深水带中的生物主要是鱼类、浮游生物和生活在湖底的一些枝角类。容易分解的物质在通过深底带向下沉降的过程中常常有一部分会被矿化，而其余的生物残体或有机碎屑则会沉到湖底，它们与被冲刷进来的大量有机物一起构成了湖底沉积物。

（4）底栖带。底栖带沉积物中氧气含量极低，生活在那里的优势生物是厌氧细菌。但在无氧条件下，分解很难进行到最终的无机产物。当沉到湖底的有机物数量超过底栖生物所能利用的数量时，它们就会转化为富含硫化氢和甲烷的腐泥。所以，当沿岸带和湖沼带的生产力很高时，深水带湖底或池底的生物区系就会比较贫乏。如果湖水变浅，底栖生物也会发生变化。一般而言，随着湖水变浅，水中含氧量、透光性和食物含量都会增加。

## 2.1.3　河湖的主要功能

河湖流域具有重要的资源功能、生态功能、经济功能与社会功能。自古以来，人类择水而居、因水而兴，在有效保护河湖基本功能的基础上获得生存与发展必需的水公共产品持续供给。河湖系统的功能由其结构决定，各结构组成相互作用，协调运行，实现河湖的各项功能。河湖生态系统正是依靠其结构特点，它才能保持相对的稳定性，在受外界的干扰时会产生恢复力，维持生态系统的可持续性。和谐共生、良性循环、健康永续、繁荣发展是人类、河湖与社会三者永恒的自然法则。分析河湖自然属性与社会属性，认为其可为城乡人民提供七大类水公共产品：水安全产品（保障人民防洪排涝安全、供水安全、水环境安全）；水资源产品（保障生产、生活用水足量、优质供给）；水环境产品（保障河湖环境质量，提供优美的水岸环境）；水生态产品（保障河湖生态系统完整、健康，实现生物多样性）；水休闲产品（完备惠民设施，为人民休闲憩息、交流交会、颐养身心提供场所与空间）；水文化产品（展示、弘扬历史与现代文化，打造人民精神家园）；水经济产品（打造滨水产业、水产品与绿色产业链，打造滨河生态价值转换带，推进流域高质量发展）。只有坚持人水和谐、保护优先，才能切实保障河湖功能健康永续。由此可以看出，河湖具有自然调节功能、生态服务功能和社会服务功能。

#### 2.1.3.1 自然调节功能

河流在自然演变、发展过程中，在水流的作用下，河流起着调节洪水的运行、调整河道结构形态、调节气候等方面的作用，这即是河流系统的自然调节功能，归纳起来，主要包括水文调蓄功能、输送物质与能量功能、塑造地形地貌功能、调节周边气候功能。

（1）水文调蓄功能。河流是水流的主要宣泄通道，在洪水期，河流能蓄滞一定的水量，减少洪涝灾害，起到调蓄分洪功能。河岸的植被可以调节地表和地下水文状况，使水循环途径发生一定的变化。在洪水期时，河岸带植被可以减小洪水流速，削弱洪峰，延滞径流作用，从而可以储蓄和抵御洪水；而在枯水期时，河流可以汇集源头和两岸的地下水，使河道中保持一定的径流量，也使不同地区间的水量得以调剂，同时能够补给地下水。河岸植被可以涵养水源，保持土壤水分，保持地表与地下水的动态平衡。

（2）输送物质与能量功能。河流生命的核心是水，命脉是流动，河水的流动形成了一个个天然线形通道。河道可以为收集、转运河水和沉积物服务。许多物质、生物群通过河流系统进行地域移动。河中流水沿河床流动，其流速和流量会产生动能，并借助多变的河道和水流将流水侵蚀而来的泥土、砂石等各种物质进行输移搬运。在这个物质输送搬移的过程中，河道和水体成为重要的运输载体和传送媒介，实现物质和能量交换的目的。

（3）塑造地形地貌功能。由于径流流速和落差，形成的水动力切割地表岩石层，搬移风化物，通过水流的冲刷、挟带和沉积作用，形成并不断扩大流域内的沟壑水系和支干河道，也相应形成各种规模的冲积平原，并填海成陆。河流在冲积平原上蜿蜒游荡，不断变换流路，相邻河流时分时合，形成冲积平原上的特殊地貌，也不断改变与河流有关的自然环境。

（4）调节周边气候功能。河流的蒸发、输水作用能够改变周边空气的湿度和温度。

#### 2.1.3.2 生态服务功能

河流是自然界物质循环和能量流量的重要通道，在生物圈的物质循环中起着主要作用，没有河流的纽带作用，各种生态系统无法交流。河流为河流内以至流域内和近海地区的生物提供营养物，为它们运送种子，排走和分解废弃物，并以各种形态为它们提供栖息地，使河流成为多种生态系统生存和演化的基本保证条件。这就是河流系统的生态服务功能。河流系统的生态服务功能主要包括栖息地功能、通道作用、过滤和屏障作用、源汇功能等。

(1) 栖息地功能。栖息地功能是指河流为植物和动物的正常生活、生长、觅食、繁殖等活动提供必需空间以及庇护所的要素。河道通常会为很多物种提供非常适合生存的条件，它们利用河道来进行生活、觅食、饮水、繁殖以及形成重要的生物群落。宽阔的、互相连接的河道是良好的栖息地条件，通常会发现比在那些狭窄的、性质都相似的并且高度分散的河道内存在着更多的生物物种。河流为一些生物提供了良好的栖息地和繁育场所，河边较平缓的水流为幼种提供了较好的生存与活动环境。例如，许多鱼类喜欢将卵产在水边的草丛中，适宜的环境结构和水流条件为鱼卵的孵化、幼鱼的生长以及鱼类躲避捕食提供了良好的环境。

(2) 通道作用。通道作用是指河道系统可以作为能量、物质和生物流动的通路，河道中流动的水体，为收集和转运河水和沉积物服务，很多其他物质和生物群系通过该系统进行运移。河道既可以作为横向通道也可以作为纵向通道，生物和非生物物质向各个方向移动和运动。对于迁徙性野生动物和运动频繁的野生动物来说，河道既是栖息地同时又是通道。河流通常也是植物分布和植物在新的地区扎根生长的重要通道。流动的水体可以长距离的输移和沉积植物种子；在洪水泛滥时期，一些成熟的植物可能也会连根拔起、移位，并且会在新的地区重新沉积下来存活生长。野生动物也会在整个河道系统内的各个部分通过摄食植物种子或是携带植物种子而造成植物的重新分布。生物的迁徙促进了水生动物与水域发生相互作用，因此，连通性对于水生物种的移动是非常重要的。

(3) 过滤和屏障作用。河道可以吸纳、过滤、稀释污染，减少污染物对河流系统的毒性，保持水体环境和土壤环境的良好。河岸带在农田与河道之间起着一定的缓冲作用，它可以减缓径流、截留污染物。河流两岸一定宽度的河岸带可以过滤、渗透、吸收、滞留、沉积物质和能量，减弱进入地表和地下水的污染物毒性，降低污染程度。

(4) 源汇功能。源的作用是为其周围流域提供生物、能量和物质。汇的作用是不断从周围中吸收生物、能量和物质。不同区域的环境、气候条件以及交替出现的洪水和干旱，使河流在不同的时间和地点具有很强的不均一性和差异性，这种不均一性和差异性形成了众多的小环境，为种间竞争创造了不同的条件，使物种的组成和结构也具有很大的分异性，使得众多的植物、动物物种能在这一交错区内可持续生存繁衍，从而使物种的多样性得以保持，可见生态河岸带可以看作是重要的物种基因库。

### 2.1.3.3 社会服务功能

河流系统的社会服务功能是指河流在社会的持续发展中所发挥的功能和作用。这种功能和作用可以分为两个方面：一是物质层面，包括河流系统为生产、生活所提供的物质资源、治水活动所产生的各种治河科学技术、水利工程以及由此带来的生活上的方便和社会经济效益等；二是精神层面，包括文化历史、文学艺术、审美观念、伦理道德、哲学思维、社风民俗、休闲娱乐等。主要表现在以下几个方面：

（1）淡水供应。众多河流中蓄积了丰富的淡水资源，为人们生活饮水、农业灌溉用水、工业生产用水以及生态环境用水等提供了淡水资源保障。

（2）水能提供。很多山丘区河流，上下游落差较大，河流储蓄了丰富的水能，为社会生产提供了清洁的电力资源。

（3）水上航运。在水网密集的水乡，水上交通是人们生产生活中必不可少的交通方式；在流域中下游，水面开阔的水域，水上航运是很重要的运输方式，这对发展生产，对外交往，并最终从内陆走向海洋起着很重要的作用。

（4）物质生产。河流拥有丰富的水资源、土地资源、生物资源、矿产资源，这些资源为生物生存、社会生产和人们生活提供必需品和原材料。

（5）文化服务。河流所承载的深厚文化可以为人们精神生活提供服务和影响，主要包括：以河流为题材的各类文学艺术，由河流运动规律引发的哲学思考，关于河流的法律法规，由河流引发的社风民俗，河流自然表象为人类提供的休闲旅游等。

（6）休闲娱乐。大部分城市河流或农村集镇区河流沿岸均设置了休闲娱乐设施，其独特景观特征，可满足人们远足、露营、摄影、游泳、滑水、漂流、渔猎等有助于身体健康，享受美好生活的活动，具有很好的休闲娱乐功能。

## 2.2 幸福、幸福感与幸福观

### 2.2.1 幸福

东汉许慎在《说文》中对"幸福"释曰："幸，吉而免凶也。福，佑也。"古文中二字连用，谓祈望得福，是人们对好生活的评价。在日常生活中，人们会对生活所产生的感受进行评价，并且在长期对生活进行苦乐感受比较的过程中，人们发现"好生活"所产生的感受总是显示正向阈值，"好生活"一定能让人幸福。好生活"不仅由物质生活来决定，在很大程度上还体现在精神愉悦和心理感受"。因此，好生活是人们幸福的条件。而好生活的实质内容是指人的自我实现和全面发展。所以，人的自我实现和全面发展也只是人们幸福的条件，不过它是最理想的条件。幸福是一个由客观向主观的发展过程。置身于能使人得到自我实现和全面发展的生活中，人们就会说这种生活是最好的生活，而最好的生活又能促使人们获得最理想的幸福（鲍宗豪，2013；郭春林，2013）。

幸福有主体和客体之分，主体是个体的人，客体是人认识和进行实践活动所指向的对象。幸福往往因人而异，很难一概而论。通常，幸福是指一种持续时间较长的对生活的满足和感到生活有巨大乐趣并自然而然地希望持续久远的愉快心情，它既是一个人自我价值得到满足时而产生的喜悦，又是人们希望一直保持现状的心理情绪。它属于心理学范畴，但幸福有不同的层次和维度，还涉及哲学、社会学、教育学、经济学等多个角度，不同学科领域对幸福的理解和诠释存在差异。社会学中的幸福是在人们所拥有的客观条件和人们的需求等多方面因素综合作用下产生的个人对于其自身生存和发展状况的一种积极的内心感受，是满足、价值、开心等多种感觉的集合；教育学领域的幸福是以人为本，从人们利用所学知识进行创新和创造进而服务于社会的过程中获得的满足感；经济学中的幸福是人们获得的物质利益、精神上的追求以及道德上的满足感，其主要影响因素是人们的收入和财富，家庭消费结构中的核心消费压力和主客观社会经济地位显著影响人们的家庭幸福感。近年来，随着自然环境与生态系统变化对人类生产生活的影响日益显著，生态幸福的概念得以提出。生态幸福是人们对所处生态环境满足程度的主观感受，也是人们从当前所处生态环境得到的满足程度的一种价值判断以及从生态系统中得到幸福的一种心理和物质体验。

### 2.2.2 幸福感

随着社会的发展，人民对幸福的认识也发生了很大的变化，不同时期、不同的人具有不同的幸福感。当前，幸福感已经成为大家广为关注的话题。幸福感是主观的。幸福感存在于个体的经验中，是自己是否幸福的评价，主要依赖于自己内在的判断标准。任何事物让人感到幸福与否，都必须经过个体内在的判断标准进行检验。因此，幸福感一定是"千人千面"，各有不同。幸福感也是客观的。幸福的获得需要以一定的外界条件为基础。幸福感的产生有赖于客观的生活，也有赖于人们具体客观的行为。总之，幸福感的产生是由客观条件或生活状态和个体主观的评价体系的有机结合。个体的感受和生活态度对自己的幸福感起重要的作用，个人的幸福观对个体幸福感的影响很大。因此，人们通过改善自己的生活状态或者调整自己的评价体系都有可能提升自己的幸福感（朱翠英等，2011；鲍宗豪，2013）。

幸福与幸福感有一定的区别。幸福是人的需要得到满足时的状态，这种满足程度表现了人的生活在客观上达到了一定水平，进入了一种境界，它是一种客观实在。幸福感则是对这种满足的感受，具有一定的主观性。可见，幸福是幸福感的对象，幸福感是对幸福的感受。但是，在现实生活中，两者通常表现为对同一事物的两种不同的表述。当人们获得快乐的感受，对生活状态进行综合判断可得出的一种正向阈值后而内心产生的心理感受与精神体验就是幸福（朱翠英等，2011；鲍宗豪，2013）。此时，也可以说感到幸福，即具有幸福感。

因此，现实生活中，并不严格区分幸福与幸福感。

### 2.2.3　幸福观

马克思主义幸福观认为，幸福的前提是人必须从一切"非人"或"异化"的状态中解放出来，而要避免人的异化，就需要消灭私有制、阶级、消灭剥削，在社会生活中各方面实现人与人之间的真正平等。唯有如此，每个人自由而全面的发展才存在可能性。而只有实现人的自由而全面发展，才能让人获得幸福（于晓权，2008）。

幸福观对人的幸福感起决定性作用。幸福感是客观作用于主观的一种心理体验，但这种心理体验是先要经过人内在的幸福观的过滤。幸福感产生的具体路径：客观生活作用于人的主观世界，而后产生一种体验，接着该体验经过体验者自身所内化且认同的幸福观检验，当它与自己所认同的幸福观不发生冲突和矛盾时，体验者就会接纳该体验由此引发相应的幸福感受。每个人都是根据自己真心所认同的幸福观去真实地感受幸福。众所周知，任何外在强加于人的且未经人自我内化的社会价值对主体内心而言几乎不产生影响。一般而言，外在强加的幸福观也无法获得人们的内心认可，自然人们也不会以它评价幸福与否。总之，个体自己认同的幸福观决定其幸福感。

## 2.3　幸福河湖的概念与内涵

### 2.3.1　幸福河湖理念的形成与发展

#### 2.3.1.1　幸福河湖理念之源

木兰溪是福建省"五江一溪"中的一溪，位于福建省莆田市，是典型的独流入海型河流。1999年之前木兰溪流域频受洪涝灾害困扰。1999年12月27日，福建省冬春修水利建设的义务劳动现场被安排在木兰溪，时任福建省委副书记、代省长的习近平与当地干部群众、驻军官兵6000多人一道参加了义务劳动。习近平在现场说："今天是木兰溪下游防洪工程开工的一天，我们来这里参加劳动，目的是推动整个冬春修水利掀起一个高潮，支持木兰溪改造工程的建设，使木兰溪今后变害为利、造福人民。"（刘亢等，2018）"变害为利、造福人民"成为木兰溪治理的重要指引。

#### 2.3.1.2　造福人民的幸福河

2019年9月18日，习近平总书记在河南郑州主持召开黄河流域生态保护和高质量发展座谈会并发表重要讲话。他强调，要坚持绿水青山就是金山银山的理念，坚持生态优先、绿色发展，以水而定、量水而行，因地制宜、分类施策，上下游、干支流、左右岸统筹谋划，共同抓好大保护，协同推进大治理，着力加强生态保护治理、保障黄河长治久安、促进全流域高质量发展、改善人民群众生活、保护传承弘扬黄河文化，让黄河成为造福人民的幸福河（习近平，2019）。此后，全国各地积极探索幸福河湖的概念、内涵、评价方法以及实现路径。

#### 2.3.1.3 造福中华民族的幸福河

2021年10月22日，习近平总书记在山东济南主持召开深入推动黄河流域生态保护和高质量发展座谈会并发表重要讲话。他强调，要科学分析当前黄河流域生态保护和高质量发展形势，把握好推动黄河流域生态保护和高质量发展的重大问题，咬定目标、脚踏实地、埋头苦干、久久为功，确保"十四五"时期黄河流域生态保护和高质量发展取得明显成效，为黄河永远造福中华民族而不懈奋斗（人民日报，2021）。从"让黄河成为造福人民的幸福河"到"为黄河永远造福中华民族而不懈奋斗"，习近平总书记在两次座谈会上发出的伟大号召，既为黄河治理保护指明了方向，也为新时期全国江河治理保护提供了遵循。因此，幸福河湖是当前我国河湖治理、建设和管理的总体要求和发展方向。

### 2.3.2 幸福河湖的概念

水是生命之源、生产之要、生态之基，河流湖泊是水的重要载体。自古至今，人类文明的兴衰及经济社会的发展都与河湖密不可分，华夏民族在兴水利治水患中，从与水相依、与水抗争到与水和谐，谱写了一部灿烂的水利文明史。近几十年来，伴随着工业化和城镇化加速推进，我国开展了大规模河湖开发和利用活动，在一定程度上使水环境恶化，干扰了其自然生态系统。面对河湖日趋明显的"水多""水少""水脏""水浑"等问题，为保障经济社会的可持续发展以及人民生活质量的进一步提高，河湖建设、保护与管理的工作重点也在不断发展，从关注水量到关注水质，从注重生态保护到注重人水和谐，再到关心人民福祉。围绕河湖建设与管理的目标，先后出现了多个名称，如"清洁河湖""生态河湖""健康河湖""美丽河湖"。健康河湖以河湖生态系统健康为主要表现形式，从水质、水生生物、水生态、水功能等多个方面提出的服务于河湖管理和评价的手段和工具。它要求河湖系统的自身结构保持合理的状态，并能正常发挥其在自然生态演替中的环境功能和各项社会服务功能，包括为水生生物提供良好生存环境、满足在现有社会发展水平下经济社会发展对河湖资源的合理需求，进而保证河湖资源可持续开发利用目标实现等方面。"美丽河湖"源自"美丽中国"建设。党的十八大报告将"美丽中国"作为生态文明建设的宏伟目标，"美丽河湖"是"美丽中国"的重要内容，重点关注水体保护、生态建设、景观美学、水文化以及社会服务5个方面的功能。

相比以往对河湖的认识，幸福河湖是从系统全局的角度认识河湖，对河湖建设的要求更高、内涵更丰富。幸福河湖从字面上理解是让人民感受到幸福的河湖，由过去"清洁河湖""健康河湖""生态河湖"等概念演变而来。幸福河湖既是主观的，也是客观的。河湖是否为幸福河湖，与人的主观感知、主观判断密切相关，往往仁者见仁、智者见智，加之民族、宗教、文化等方面差异以及受教育水平不同，使得不同背景的人们对幸福河湖的认识差异性更大。同时，河湖作为客观对象，有独立于主观性之外的客观规律要求，也有为大部分人所共同接受的知识要求。作为当前我国河湖治理的重要要求，幸福河湖已经超出了传统的健康河湖、生态河湖的范畴，与这些概念最显著的区别就在于幸福河湖是在以往仅关注河流自然功能的基础上，既注重河湖物理结构，也注重河湖水量、水质、生物，还强调河湖服务人类的社会功能，包括河湖水旱灾害防护相对安全，能持续提供稳定优质水资源，提供航运，能够为人民群众提供更多的亲水近河的标志性场所，能够立体呈现水文化等。它更注重人民需求和社会服务的满足程度，更强调河流生态保护与人类社会对河流需求总体上的一种平衡，其最高目标是实现人类与河流乃至整个自然系统的和谐发展，具有一定的主观性、动态性和差异性，它涉及水安全、水资源、水环境、水生态、经济社会、水文化以及管理等多个方面的内容。可见，幸福河湖更重视人民群众对美好生活的向往，强调人水和谐，阐述了人民维持河湖健康、河湖造福人民的辩证关系。

幸福河湖是基于人与自然和谐统一思想，关爱自然、保护自然的整体均衡感，是理解自然、尊重自然、敬畏自然的生态理性，是人们对所处生态环境满足程度的主观感受，也是人们从当前所处生态环境得到的幸福满足程度的一种价值判断以及从生态系统中得到幸福的一种心理和物质体验。幸福河湖首先应该能够维持其合理的结构组成和良好的功能表现。河湖各要素间相互联系、相互依赖、相互制约、相互作用，具有整体功能和综合行为，并与周围环境间又存在着复杂的物质、能量的交换，通过系统内部各组成部分之间的自组织协同作用，将输入的物质和能量进行转化并向外界释放物质和能量，进而在一定的时空尺度内，系统的输入和输出达到一种有序的动态平衡状态，保持河流系统的良性循环、演化；反之，若河流系统处于无序状态，系统则向无序或低度有序方向演化。河湖各组成部件能相互协作，协同运行，共同完成系统的各项功能，为社会提供良好的、健康的服务，能够为工业、农业、城镇、家庭生活和各类休闲娱乐等提供各种综合功能。因此，幸福河湖是指在自然、社会因素综合作用下，通过高效有序的建设和管理，使河湖具有健康完整的生态系统和安全兴利的工程体系，能保持自然健康、功能永续，满足人民群众对美好生活多元化的需求，支撑流域或区域经济社会高质量发展，让流域内人民具有高度的获得感、幸福感和安全感。

## 2.3.3 幸福河湖的内涵

从幸福河湖概念可以看出，幸福河湖是主客体共同作用的统一体。对于个体的人而言，其幸福感受差异较大，因此认识幸福河湖不能仅从个体角度考虑，而应该从人民、从人类角度，按照马克思主义幸福观深刻理解认识幸福河湖。它首先是将河湖自然区域作为自然主体，河湖自身能安全运行，生态系统良性循环，还能承受和控制一定强度的灾害，也就是其自身是"幸福"的；其次幸福河湖能够向社会持续供给承载范围内的资源，能够持续提供服务功能，是能够给他们带来幸福的，这种幸福感与人的感官、认知水平、经济社会发展水平密切相关。因此，幸福河湖的内涵包括以下3个方面：

（1）幸福河湖是完整且健康的自然生态系统。河湖是有生命、有价值、有权利的生命共同体，其核心在于区域内的各种生物，其价值在于为生物提供连续的、功能齐备的生存环境，其权利包括完整性权利、连续性权利、清洁性权利和造物权利等。因此，幸福河湖地理区域内的生态系统结构应该是健康完整的、环境应是清洁自然的，生物应是和谐多样的，展现出"山水清音"的意境。

（2）幸福河湖能满足人们对美好生活的需求和向往。幸福河湖首先要为人们提供优质可靠的水资源，具备保障人们生活生产安全的能力，展示优美的水景观和丰富的水文化，提供优质的生态产品和群众参与水源保护管理的通道，以满足人们对优质饮水和日益增长的优美生态环境的需要，增强人们的幸福体验。

（3）幸福河湖是人水和谐的综合体现。人类可以利用自然、改造自然，但归根结底是自然的一部分，不能凌驾于自然之上。幸福河湖必须保证在生态系统自我维持和更新能力的前提下进行开发、利用，促进河湖自然本体、属地居民与集水区人民三元主体和谐稳定，地区经济发展和河湖保护协调互利，实现有限的资源为区域经济社会高质量发展提供可持续支撑。

## 2.4 幸福河湖的基本要求与特征

### 2.4.1 幸福河湖的基本要求

人民是历史的创造者，也是幸福河湖的评价者。打造幸福河，必须始终坚持以人民为中心的发展思想，把人民对河湖的美好向往作为奋斗目标，努力抓好各项工作，保障防洪安全、供水安全，支撑经济社会可持续发展，提供更多更优生态产品，保证流域内人民在水利发展中有更多获得感，逐步提高人民的满意度。例如，福建省把传承弘扬幸福河理念首先贯穿于闽江流域生态环境修复保护始终，全力打造幸福闽江。幸福闽江首先是安全的闽江，以江河安澜为前提，有完善的防洪排涝体系，能够御洪水、排涝水、挡潮水，保一域平安；其次是健康的闽江，以生态完整为基础，山水林田湖草协同保护，做到水域不萎缩、功能不衰减、生态不退化，护一江清水；再次是美丽的闽江，以青山绿水为底色，流域协同水岸共治，让群众看得见青山、望得到绿水、赏得了美景、留得住乡愁；最后是繁荣的闽江，以人水和谐为根本，保障水量充足水质优良，宜居、宜业、宜游，促一方繁荣。综合而言，幸福河湖应满足以下基本要求：

（1）安全兴利，旱涝无虞。建立由达到防洪抗旱标准、具备长久有效防御洪水、抵御干旱功能的河道、水库、山塘等组成的水网体系，提高区域抵抗自然灾害能力，保障区域内居民的生命、财产安全，提高人民群众的安全感。

（2）质优量足，时空互济。有效协调生态、生产和生活用水，在水量和水质两方面为人民群众提供洁净的生活用水，为区域环境提供充足的生态用水，为工农业提供可靠的生产用水。通过多类型的水资源工程建设和区域水资源配置管理，构建"多源互补，丰枯互调"的优质水资源保障体系。

（3）固土净水，健康生态。严守生态保护红线，减少水土流失，维持区域内健康的水域生态系统和陆域生态系统，构建自然和谐的山水林田湖草生命共同体。加强源头控制，削减水体污染负荷，保障优良水体环境质量。

（4）富民共享，兴业和谐。充分利用水源地山、水、林、草、湖、田等资源和条件，推动区域美丽城镇、美丽乡村、美丽河湖建设，促进水文化遗产保护传承，助力绿色水经济发展，创建各美其美、美美与共、人水和谐的幸福家园，实现乡村振兴，共同富裕。

（5）智慧善治，高效有序。充分利用现代数字化、网络化新技术，实现水源地数据监测、设备运维管理的远程化、智能化、实时化和精准化。具有科学完整的水事管理制度和流畅有效的管理机制，各级各行业部门之间分工合作，协调联动，高效率、高质量完成幸福水源的运维、管护。

### 2.4.2 幸福河湖的基本特征

我国多个省份根据各省河湖的特点，明确提出了相应的幸福河湖的基本特征。例如，江苏省提出幸福河湖具有河安湖晏、水清岸绿、鱼翔浅底、文昌人和等方面的特征，浙江省提出幸福河湖具有安全保障、生态健康、美丽宜居、高效管护、产业富民等方面的特征，福建省提出幸福河湖具有安全河湖、健康河湖、生态河湖、和谐河湖、美丽河湖等方面的特征。综合多位学者和国内多地的实践，幸福河湖具有"持久安全、资源优配、健康生态、环境宜居、文化传承、绿色富民、管理智慧"等方面的特征（图2.5）。

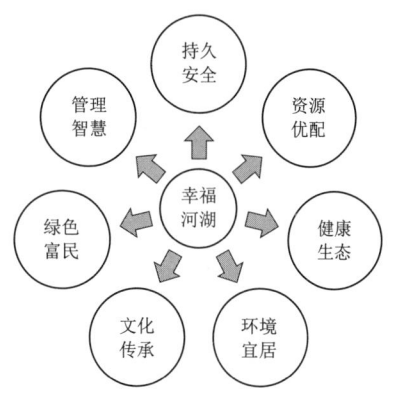

图2.5 幸福河湖的特征

#### 1. 持久安全

安全，是幸福的基础，没有安全，幸福无从谈起。因此，持久安全是指河湖能持久地保证防洪排涝安全，这是实现幸福河湖的首要保障和先决条件，也是保障流域内人民生命财产安全的有效途径，同时增强江河湖库沿岸和下游人民的安全感。防治水灾害，实现"江河安澜、人民安宁"，持续提高沿河沿岸人民群众的安全感，为高质量发展保驾护航，这是幸福河湖的基本保障。

幸福河湖是安澜河湖。江河湖泊的安全关系到人民群众生命财产的安全，是人民幸福的根本保障。有效防御洪水、高效排除涝水、有效抵御干旱是保障水安全的核心。为此，要实施防汛抗旱水利提升工程，完善防洪减灾体系，提高江河湖库洪水监测预报和科学调控水平，建立健全布局合理、功能完善、适度超前的基础设施网络和法制完备、管控有力、智能高效的综合防御体系，实现旱涝无虞，提高人民群众的安全感，为高质量可持续发展保驾护航。

#### 2. 资源优配

水是生命之源、生产之要、生态之基。提供优质水资源，实现"供水可靠、生活富裕"，让老百姓喝上干净卫生的放心水，让二、三产业用上合格稳定的满意水，让农作物灌上适时适量的可靠水，为人民提供更多优质的水利公共服务，持续支撑经济社会高质量发展，这是幸福河的基础功能。

幸福河湖是母亲河湖。为工农业生产和居民生活提供优质水资源是人类安全和生命健康的基本保障，也是经济社会发展的基本需要，水就是河湖哺育人类成长的乳汁。幸福河湖应能有效协调生产、生活和生态用水，在量和质上为农业生产提供可靠的灌溉用水，为工业发展提供稳定的生产用水，为人民群众提供洁净的生活用水，为区域环境提供充足的生态用水。为此，要落实最严格的水资源管理制度，建立科学完备的水资源宏观配置工程体系和安全可靠的供用水工程网络，贯彻"节水优先"的发展理念，坚持"以水定城、以水定地、以水定人、以水定产"的原则，为经济社会高质量发展和繁荣昌盛持续提供优质水资源保障。

#### 3. 健康生态

维护良好的河湖生态既是人类社会永续发展的必要和重要基础，也是最普惠的民生福祉。健康生态是指水源有效涵养、生态不退化、河道基流量达标、较高的林草覆盖率、水生生物种类多样，维护河湖生态系统的健康，提升河湖生态系统质量与稳定性，实现人与自然和谐，这是幸福河湖的最佳状态。

幸福河湖是生态河湖。健康的水生态是河湖具备自然功能和生态功能的基础，事关国家生态安全，并为人民提供优质生态环境和社会公共服务。健康的河湖生态系统要求河湖内生物群落与环境和谐统一，最大程度体现河湖的自然风貌，具备"万物共生，万物共荣"的景象。幸福河湖水生态的生境不局限于水体，还包括内以水为纽带的所有环境区域，包括田块、沟渠、河岸（湖滨）带等；幸福河湖水生态自然特性的体现也不完全排斥人为活动的干预。为维护河湖自然健康水生态，就要依据生态系统的基本法则，坚持山水林田湖草是一个生命共同体，因地制宜、分类施策，全方位开展河湖全流域水生态保护与修复工程，统筹做好水源涵养、水土保持、河湖治理等工作，保证河湖水域不萎缩、功能不衰减、河道不断流、生态不退化。

4. 环境宜居

水环境质量是影响人居环境与生活品质的重要因素。宜居的河湖环境应该是适合人们休闲、观光的好地方，让人身心放松，享受环境带来的舒适感、满足感。建设宜居水环境，既要保护与改善自然河流湖泊的水环境质量，也要全面提升与百姓日常生活休戚相关的城乡水体环境质量。环境宜居不但是河流自身健康的体现，同时也带给人们良好的情绪反应，实现"水清岸绿、宜居宜赏"，让人民群众生活得更方便、更舒心、更美好，这是幸福河的良好形象。

幸福河湖是绿色河湖。自古以来，人们喜欢临水而居，择水而栖，水清岸绿、宜居宜赏是人们对河湖的真切期待；能便民，可亲近是河湖体现社会服务功能最基本的体现，河湖水环境质量的好坏也成为人民生活品质高低的重要评价指标之一。为建设清洁宜居的幸福河湖，就要不断改善和提升水环境质量和水景观品位；要联防联控，截污减污，减少入河入湖污染负荷量；要连通水系，调水补水，提高水体自净能力；要完善河湖长制，提升水环境管控水平；要合理规划布局，将河湖沿岸建成充满活力、绿色整洁、品质高雅、舒适便捷、共建共享的滨水公共开放空间，打造人民群众的美好家园。

5. 文化传承

水文化承载了人类的发展与文明。尼罗河孕育了古埃及文明；地中海造就了古希腊和古罗马文化；黄河是中华民族灿烂文明的象征，是中国的母亲河。这些水文化源远流长。三岔河口是天津的标志，黄浦江外滩是上海的地标，这些地标性的河流不但是当地的自然景观，同时已经形成了地域文化，是独特的文化，是精神家园的象征。在长期的治水实践中，中华民族不仅创造了巨大的物质财富，也创造了宝贵的精神财富，形成了独特而丰富的水文化，成为中华文化和民族精神的重要组成部分。水文化传承就是通过适宜的方式挖掘、展示、保护和弘扬河湖生态保护和治理形成的历史与现代文化，打造人民精神家园，让尊重河流、保护河流，调整人的行为，纠正人的错误行为，实现行为自律成为全民行动的新准则，传承好历史水文化并丰富现代水文化内涵，实现"大河文明、精神家园"愿景，更好地满足人民日益增长的文化生活需要。

幸福河湖是文明河湖。先人在长期的治水乐水中形成的丰富水文化，已成为古今华夏文明和中华民族精神的重要组成部分。涉及河流湖漾的每一处古迹、每一句诗词,都是先人或与水患殊死抗争、或与河湖和谐共处史上的珍贵遗贝;跨过河流的每一座小桥、长在湖畔的每一棵古树,都是一个人成长的一个记忆或乡愁的一份寄托。幸福河湖就是当地居民的精神家园,就是先进文化的传承载体。幸福河湖的建设与运营管理,要加强水文化的挖掘、保护和弘扬,突出地域文化特色,推进水文明的科普、教育和宣传,营造公众共同参与的良好氛围,打造有历史积淀、有文化底蕴的河湖文化品牌,满足人民日益提高的文化生活需求。

6. 绿色富民

绿色富民是河湖在防洪排涝、供水安全、生态健康、环境宜居得以保障的基础上,以水资源为刚性约束,倒逼经济社会转型升级,杜绝用水浪费与水环境污染,发展绿色经济,走高质量发展道路,实现河流流域内全体人民共同富裕。

幸福河湖是活力河湖。河湖水资源、水环境为区域(流域)经济社会可持续发展提供安全优质高效的水支撑。同时,河湖水资源、水环境作为最大的刚性约束,倒逼经济社会发展转型,产业布局更加合理,生产模式和生活方式更加绿色。不断夯实河湖的城乡防洪除涝和供水安全保障能力,使幸福河湖担当起保障区域高质量发展的重要使命。要积极探索"河湖+""水利+"的经济发展模式,在管理好幸福河湖的前提下,探索可持续运营幸福河湖的机遇、模式、机制,使幸福河湖的建设成为城镇化和乡村振兴的领头羊,使幸福河湖成为区域产业兴旺、百姓安居发展轴、增长极的富民河湖。

7. 管理智慧

管理智慧是指按照河湖长制要求建立完善的流域河湖管理体制机制,采用人工与智能相结合的管理手段,让河湖水事秩序保持和谐有序。建立河湖长长效机制,严格管控河湖水域岸线,打造数字河湖、智慧河湖。

# 第3章 幸福河湖评价方法

## 3.1 幸福河湖的主观评价方法

### 3.1.1 评价原则

幸福河湖的主观评价方法,即人为打分法,是通过设置一定的打分项,邀请相关人员对河湖状况进行打分,根据分数高低评判河湖幸福程度,评定幸福等级,为河湖管理提供决策依据。在评分过程中,根据幸福河湖的概念和内涵,本着"全面系统、注重实效、彰显特色"的原则开展评分。

(1)全面系统性原则。评分内容涵盖河湖持久安全、资源优配、健康生态、环境宜居、文化先进、绿色富民、管理智慧等,充分发挥河湖功能。

(2)注重实效性原则。评分导向强调建管并重,注重区域河湖面貌的切实改善或提升,着重体现人民幸福感,充分展现河湖建管成效。

(3)彰显特色性原则。幸福河湖评价应突出地域特色,尤其应能反映河湖安全、健康生态,弘扬河湖文化精神,充分彰显河湖特色底蕴,因此评价指标设置应有所侧重。

### 3.1.2 评价方式

幸福河湖的主观评价从持久安全、资源优配、健康生态、环境宜居、文化传承、绿色富民、管理智慧7个方面开展评分。评分采取专家评分、公众评分、附加评分相结合的方式。

#### 3.1.2.1 专家评分

幸福河湖专家评分是通过聘请一定数量(建议5名或5名以上)的相关领域的专家组成幸福河湖评分专家组。每位专家按评分细则逐项打分,并记总分。将各位专家的总分汇总,计算算术平均值作为专家组总评分。制定评分细则可从持久安全、资源优配、健康生态、环境宜居、文化传承、绿色富民、管理智慧等幸福河湖的7个方面设置评分内容,各评分内容结合河湖特点从不同方面设置评分指标,每一评分指标按照河湖建管实际情况设定不同的评分点,并设定相应的赋分细则。幸福河湖评分细则可参考表3.1。

## 第3章 幸福河湖评价方法

表 3.1　　　　　　　　　幸福河湖评分细则

| 序号 | 评分内容/分值 | 评分指标 | 赋分细则 | 满分 |
|---|---|---|---|---|
| 1 | 持久安全/10分 | 防洪排涝能力 | ①河湖行洪断面符合防洪、排涝、通航等规划设计标准，得2分；<br>②堤防、水库不存在安全隐患，不存在年久失修、损毁、病险等情况，得2分；<br>③依据水岸地质边界条件和径流特征，评估河势稳定性满足要求，得1分 | 5分 |
| 2 |  | 涉河建筑物 | ①调蓄和排涝工程构筑物使用现状满足设计功能要求，得1分；<br>②河湖管理范围内涉河构筑物满足防洪、排涝等要求，得1分 | 2分 |
| 3 |  | 河湖流畅性 | ①河道内不存在明显淤积点、不合理的缩窄、填埋河道及改道、裁弯取直等减小行洪断面或人为变更河道行为，得1分；<br>②河道内不存在影响河道畅流的弃用涉水建筑物、废渣等，得1分；<br>③按照现状水面面积除以全国第一次水利普查水面面积计算湖泊水域保有率，湖泊水域保有率≥1时，得1分 | 3分 |
| 4 | 资源优配/10分 | 水质达标 | ①河湖水质满足水功能区水质标准且水质不低于上一年水质状况，得2分；<br>②排水口、排污口按要求建立台账，得2分 | 4分 |
| 5 |  | 水量保障 | ①有水电站或其他拦河拦湖建筑物的河湖，按要求设置泄放设施或按相关规定泄放生态流量，无脱水段，得1分；<br>②对于没有水电站或上述建筑物的河湖，符合"自然主导、生态优先"原则，得1分；<br>③平原河湖水体连通，流动性好，无断头河浜，得1分 | 3分 |
| 6 |  | 配置合理 | ①饮水安全满足要求，得1分；<br>②灌溉、供水保障率满足要求，得1分；<br>③无未经审批的引水、蓄水、私自截河截湖取水等行为，得1分 | 3分 |
| 7 | 健康生态/20分 | 河道形态 | ①河湖平面形态自然优美、宜弯则弯，得1分；<br>②河湖堤岸断面形式因地制宜，断面结构及其附属设施有变化、不单调呆板，不同形式断面之间过渡自然，得1分；<br>③河湖局部弯道、深潭、浅滩、江心洲、滩地、滩林、湿地得到有效保护或修复，得1分 | 3分 |
| 8 |  | 生态修复 | ①采取人工营造水源涵养林、水土保持林或人工促进河湖植被恢复等生态化改造措施，辅助河湖生态系统最大限度发挥自我修复功能，得2分；<br>②使用具有污染物处理能力的新结构、新材料、新工艺，得1分；<br>③根据需要采用生物友好设施，对水流及部分鱼类迁移无阻碍，提供生物繁衍栖息的空间，如生态预制块、松木桩、堆石、鱼道等，得1分 | 4分 |

续表

| 序号 | 评分内容/分值 | 评分指标 | 赋 分 细 则 | 满分 |
|---|---|---|---|---|
| 9 | 健康生态/20分 | 河床生态 | 河湖深潭、浅滩、江心洲、湿地等自然景观有效保存或修复，得3分 | 3分 |
| 10 | | 河岸生态 | ①河湖岸带植被覆盖完好，得2分；<br>②采取有效措施防止岸坡坍塌、松动、冲蚀等，得2分 | 4分 |
| 11 | | 流域生态 | ①推进流域内水土流失治理，得2分；<br>②流域内绿地、水源涵养林面积等有效增加，得1分 | 3分 |
| 12 | | 生物多样性 | ①河湖内乔灌草、水陆植物搭配合理，得1分；<br>②鱼鸟等生物栖息地良好，得1分；<br>③历史特征生物生存良好，得1分 | 3分 |
| 13 | 环境宜居/10分 | 河岸宜居 | ①河湖的防洪工程、生态治理工程、城市景观绿化等工程项目遵循"人水和谐"的理念进行系统规划，依照山水林田湖草统筹治理，得1分；<br>②滨岸带植物分布合理、自然优美，与周边环境相协调，得1分；<br>③河湖岸线卫生情况良好，无垃圾杂物、污垢等污染环境（规定的垃圾堆弃点除外），得1分 | 3分 |
| 14 | | 水体感官 | ①河湖水面不存在废弃物、漂浮物（生活垃圾、油污、死鱼，规模性水葫芦、蓝藻等），得1分；<br>②河湖水体不存在浑浊、黑臭、偷排等情况，得1分；<br>③河湖水体不存在人为干扰滞水河段、死水湾等情况，得1分 | 3分 |
| 15 | | 人水和谐 | ①沿岸有滨水步道、亲水平台、人行便桥、景观长廊、健身设施等，增强上下通达性、生态性和协调性，得1分；<br>②遮风避雨设施、照明装备、水站、公厕、垃圾桶、停车场、进出口的设置情况及其适宜性、完备性和协调性，得1分 | 2分 |
| 16 | | 安全警示标志 | 为保障沿岸活动人员安全，在重要位置或人群活动密集区按需设置警示标志和安全设施，得2分 | 2分 |
| 17 | 文化传承/20分 | 河湖景观 | 河湖具有一定的景观价值，如水文景观、地质景观、天象景观、生物景观、工程景观、人文景观等，具备一定规模，有较好观赏性。<br>①涉河湖的防洪工程、生态治理工程、城市景观绿化等工程项目应系统规划，形成风格，得4分；<br>②项目改造保留河湖沿岸现有优美自然景观，得2分；<br>③新建人工景观确有需要、不造作且符合河湖实际及美观性、经济性要求，得2分 | 8分 |

31

续表

| 序号 | 评分内容/分值 | 评分指标 | 赋分细则 | 满分 |
|---|---|---|---|---|
| 18 | 文化传承/20分 | 文化保护 | 河湖及其沿岸历史文化古迹的价值大小（古迹级别）及保存状况。<br>①历史文化古迹（古桥、古堰、古码头、古闸、古堤、古河道、古塘、古井等）保存完好，得2分；<br>②历史文化古迹有效保护性恢复，得2分；<br>③历史文化古迹有效展示，得2分 | 6分 |
| 19 |  | 文化挖掘 | 治水文化、当地人文风情、水文化凝练、挖掘、传承和展示情况。<br>①河湖水工程文化、治水文化、流域文化、民族习俗以及结合河湖特色定位的创造类水文化的挖掘提炼，得2分；<br>②通过石、墙、雕塑、碑、亭、馆等进行传统文化、水文化展示传承，得2分；<br>③依托河湖水文化建设开展国民水情教育，建设水情教育基地、水文化公园等，得2分 | 6分 |
| 20 | 绿色富民/10分 | 产业发展 | 河湖提升辐射带动河湖周围旅游观光、游憩休闲、健康养生、生态文明教育等产业发展，得4分 | 4分 |
| 21 |  | 乡村振兴 | 有效推进乡村振兴和美丽乡村建设，得3分 | 3分 |
| 22 |  | 社会效应 | 河湖增强人民群众获得感，产生较强社会效应，得3分 | 3分 |
| 23 | 管理智慧/20分 | 管理机构 | 河湖管护机构（责任主体）设置完整性及职责明确。<br>①设有明确的河长湖长，得1分；<br>②河湖管理机构或责任主体及其职责分工明确，得1分；<br>③管护、执法、保洁队伍落实到位，得1分 | 3分 |
| 24 |  | 基础档案 | 河湖管理基础档案完整。<br>①"一河（湖）一档"全面编制完成，得1分；<br>②以县域（流域）为单元的河湖综合治理和保护已经开展，得1分；<br>③在河湖重要位置建立连续水质监测数据档案，得1分 | 3分 |
| 25 |  | 管护设施 | ①沿河沿湖定界设施及标志标牌清晰，得1分；<br>②防汛巡查管护通道畅通，得1分；<br>③防汛抢险物资堆放管理场地、管理用房规范，得1分；<br>④其他管护设施安全可靠，得1分 | 4分 |
| 26 |  | 管护机制 | ①建立完善的日常保洁、水行政执法、专项检查等河湖科学管护机制，得1分；<br>②河湖科学管护机制落实到位，得1分 | 2分 |

续表

| 序号 | 评分内容/分值 | 评分指标 | 赋分细则 | 满分 |
|---|---|---|---|---|
| 27 | 管理智慧/20分 | 责任落实 | 河（湖）长设置及责任是否有效落实。①明确各级河长湖长职责，巡河频率符合要求，得1分；②河长公示牌信息及时更新，河长湖长电话畅通，能够及时处置涉河湖问题，得1分 | 2分 |
| 28 | | 信息共享 | 信息化管理内容满足实际管理需要和做到信息共享。①建立河（湖）长制信息管理平台，信息管理平台及时更新，得1分；②开展水位流量、水质、排污口等信息监测，探索多单位、多部门涉河湖数据共享，得1分 | 2分 |
| 29 | | 高新技术 | ①采用无人机巡航、视频监控、卫星遥感、地质雷达等新技术应用，得1分；②推进利用卫星遥感等高新技术创新河湖监管，得1分 | 2分 |
| 30 | | 宣传报道 | ①开展爱河、护水文明行动，加强涉水法规、政策、知识等宣传活动，营造社会各界共治共享的良好氛围，得1分；②在县级及以上主流媒体或知名机构宣传河湖景象、旅游元素，得1分 | 2分 |
| | | 基 础 分 | | 100分 |
| 31 | 附加分/20分 | 示范引领 | 河湖特色鲜明，创建成效显著，并入选国家级或省级美丽河湖、生态河湖样本或典型案例，得10分 | 10分 |
| 32 | | 社会评价 | 河湖被省级及以上媒体宣传报道，得5分 | 5分 |
| 33 | | 荣誉称号 | 河流（湖泊）所在乡村为省级及以上历史文化（传统）村，或流经的乡村获省、市荣誉称号，申报河湖当年度获国家级荣誉称号，得5分；获省级荣誉称号，得3分；获市级荣誉称号，得1分，不重复计分 | 5分 |
| | | 总 分 | | 120分 |

#### 3.1.2.2 公众评分

公众评分可采用网站、公众号、APP等方式，通过填写幸福河湖公众满意度调查表开展（表3.2）。公众主要为沿河（湖）社区居民、民间河（湖）长、义务监督员等。公众评分可按式（3.1）计算。

$$公众评分 = 各问卷评分之和 / 问卷份数 \qquad (3.1)$$

#### 3.1.2.3 附加评分

以下情况可获得附加评分：河湖示范引领作用明显，特色鲜明，创建成效显著，并入选国家级或省级美丽河湖、生态河湖样本或典型案例等荣誉称号；

获得较好的社会评价，河湖被省级及以上媒体的正面宣传报道，获得一定荣誉称号，河湖所在乡村为省级及以上历史文化（传统）村，或河湖流经的乡村获省、市荣誉称号。视情况给予适当加分。附加评分细则参考表3.1。

表3.2　　　　　　　幸福河湖评定公众满意度调查表

_____河（湖、库）　　　　　　　　　　　　_____年___月___日

| 姓名（选填） | | 性别 | □男　□女 | 年龄 | □15～30岁□30～50岁□50岁以上 |
|---|---|---|---|---|---|
| 文化程度： | | | □大学及以上 | □大学以下 | |
| 河湖对个人生活的重要程度： | | | □很重要 | □一般 | □不重要 |
| 与河湖的关系： | | | □河湖周边居民 | □河湖管理人员 | □来访人员　　□其他 |
| 河湖水量： | | | □适宜 | □太多 | □太少 |
| 河湖水质： | | | □清洁 | □一般 | □较脏 |
| 洪涝、风暴潮灾害防御情况： | | | □好 | □一般 | □差 |
| 绿化水平： | | | □高 | □一般 | □低 |
| 鱼虾出现情况： | | | □多见 | □少见 | □未见 |
| 垃圾清理： | | | □无垃圾 | □有部分垃圾 | □较多垃圾 |
| 水景观： | | | □优美 | □一般 | □较差 |
| 亲水休闲适宜性： | | | □适宜 | □一般 | □较差 |
| 饮水安全满意度： | | | □满意 | □一般 | □不满意 |
| 巡河满意度： | | | □满意 | □一般 | □不满意 |
| 保洁满意度： | | | □满意 | □一般 | □不满意 |
| 工程管护满意度： | | | □满意 | □一般 | □不满意 |
| 科普宣传满意度： | | | □满意 | □一般 | □不满意 |
| 居住环境满意度： | | | □满意 | □一般 | □不满意 |
| 经济带动满意度： | | | □满意 | □一般 | □不满意 |
| 生活质量满意度： | | | □满意 | □一般 | □不满意 |
| 总体满意度打分：_____ | | | （很满意90～100分，满意75～90分，基本满意60～75分，不满意0～60分） | | |
| 不满意的原因： | | | | | |
| 建议与意见： | | | | | |

## 3.2　幸福河湖的客观评价方法

### 3.2.1　评价构架体系

幸福河湖客观评价构架体系是在全面调研、资料收集，定性分析河流的主

## 3.2 幸福河湖的客观评价方法

要特点、前期主要治理措施、治理成效及存在问题的基础上，分析影响幸福河湖的主要因素，构建分层次、分类别、定性与定量相结合的指标体系。根据河湖的系统性和评价指标体系的层次性特点，以系统论为理论依据，采用层次分析法、有序度法、偏最小二乘法、灰色关联法、神经网络法等方法，建立基于系统论的河湖幸福指数定量计算模型。针对所需评价的河湖，收集资料，确定指标值，计算评价对象的幸福指数，根据幸福指数评定幸福等级，根据评价结果，进一步查找存在的问题，给出河湖建设和管理对策和建议。幸福河湖客观评价构架体系如图3.1所示。

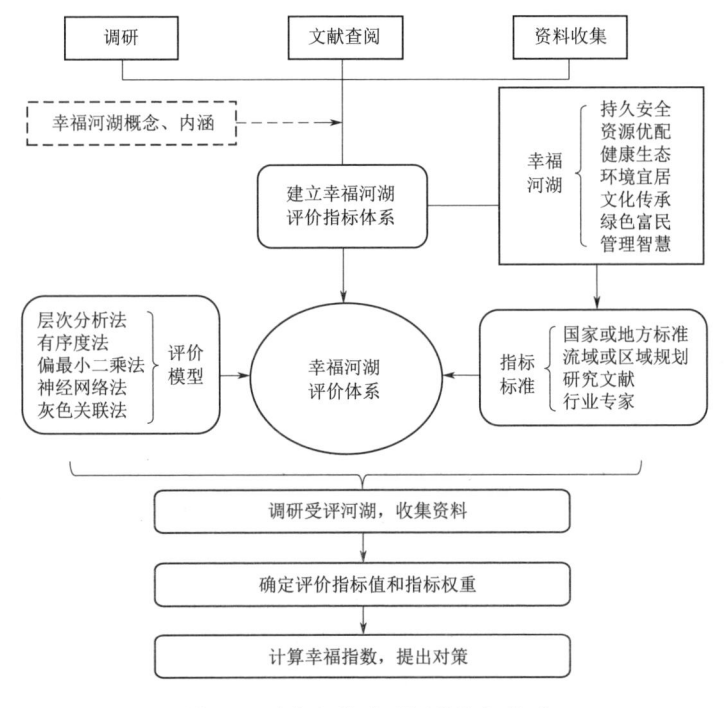

图 3.1 幸福河湖客观评价构架体系

（1）资料获取。通过面上调查、典型详查和实地勘查，收集河道治理的有关规划、工程设计、研究成果等资料，全面了解河道现状。选择典型河道，通过发放调查表、咨询、收集现有文献资料等形式，详尽收集该河道的资料。

（2）建立幸福河湖评价指标体系建立。根据幸福河湖的概念、内涵与特征，分析河湖系统的状态变量，建立河湖系统的幸福程度评价指标体系，考虑群众参与度以及河湖系统的主体功能要求，确定一票否决的控制性指标，结合国内外已有标准、发展规划、研究成果，确定指标的标准。由于幸福河湖具有动态性和区域性，因此评价指标体系与标准不是一成不变，需要结合具体评价时间、区域特征做适当调整。

（3）建立基于耗散理论的河湖幸福指数定量计算模型。河湖系统是一个典型的耗散结构，它具有自我组织和自我调节能力。幸福河湖可以通过河湖系统的有序性程度来表征，因此，可采用层次分析法、有序度方法、偏最小二乘法、灰色关联法、神经网络等方法，建立基于耗散理论的河湖幸福指数定量计算模型。

（4）确定幸福河湖状态等级，提出河湖建管建议与对策。对所需评价的河湖开展调研，收集相关指标的数据和资料，应用评价指标、幸福指数计算模型，计算受评河湖的幸福指数，确定幸福等级，分析存在的问题，提出应对建议和对策，为实现幸福河湖目标提供决策依据。

### 3.2.2 评价步骤

#### 3.2.2.1 控制性评价（一票否决性评价）

幸福河湖建设和管理的重要目标是为人们提供良好的服务功能，判断河湖幸福状况应该考虑具体河流的功能要求。对于有特定社会服务功能的河流，其评价在很大程度上应遵循木桶原理，即某些指标变量达不到要求，河湖系统将处于不幸福状态。只有当这类指标处于良好状态时，再综合考虑其他指标，综合评判河流系统的幸福程度才更合理。对于有特殊功能的河湖系统而言，其功能好坏直接决定了河流的幸福程度，因此这类河流的特殊功能指标就是幸福河湖的控制性指标，该指标的良莠直接决定了河湖幸福与否。除控制性指标外，其他指标称为协作性指标。

因此，幸福河湖评价首先判断控制性指标是否在阈值范围内，若在阈值范围内，则综合考虑控制性指标与协作性指标评价河湖幸福程度，进入联合评价过程；若控制性指标不在阈值范围内，则判定河湖不幸福，此过程也称为控制性评价或一票否决性评价。如此时仍需考虑协作性指标的状态，则需开展协作评价。若协作性指标作用下的河湖仍处于不幸福状态，则表明河湖既不满足主导功能要求，也不满足其他方面要求，此时需对河湖开展全面综合治理；如若协作性指标作用下的河湖处于基本幸福状态或以上，则表明河湖仅仅是主导功能得不到满足，其他方面能满足要求，此时可以调整河湖主导功能，或者加强针对主导功能的治理。幸福河湖评价流程如图3.2所示。

#### 3.2.2.2 联合评价与协作评价（多指标综合评价）

联合评价与协作评价均为多指标综合评价。多指标综合评价是根据各指标的状况来判断河湖幸福状态。首先以指标层的具体指标为序参量，选择适宜的方法确定各序参量的综合权重系数，再利用系统论的有序度计算模型，计算各序参量的指标值，并在此基础上将各序参量的权重系数与指标值进行复合运算，分别计算出各幸福特征的状态指数。这一过程称之为子目标评价。在子系统评价的基础上，再选用适宜的方法计算各子系统的综合权重系数，将子系统的综

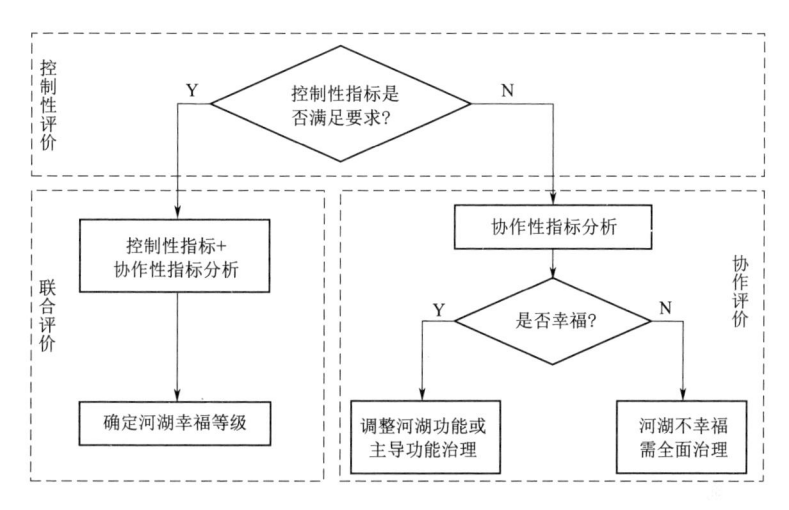

图 3.2　幸福河湖评价流程

合权重系数与子系统指数值进行复合运算，计算出河湖总体幸福指数，根据总体幸福指数大小，确定河湖幸福状态所属等级。这一评价过程称之为多指标综合评价。多指标综合评价步骤如图 3.3 所示。

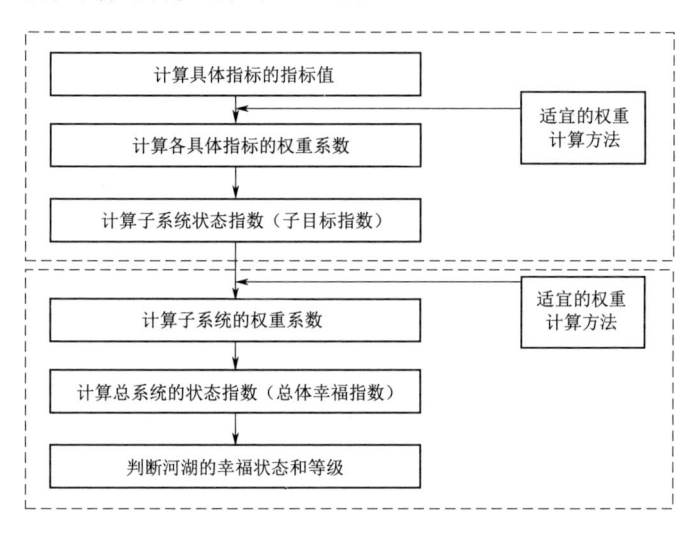

图 3.3　多指标综合评价步骤

## 3.3　评价指标体系

### 3.3.1　指标确定原则

评价指标的确定是幸福河湖客观评价的重要基础。在一定程度上，指标合理性决定着评价结果的有效性和科学性。可见,选择适宜的评价指标是决定评价准确有效的关键。指标的选择不是盲目地进行的,它应该遵循一定原则。按照幸福河湖的概念、内涵和特征要求,确定幸福河湖客观评价的指标应遵循以下原则:

(1) 可量化。幸福是一种心理体验,但也离不开一定的物质基础,因此指标选取坚持主观指标与客观指标相结合,过程中切实考虑指标的可测度性,采用便于理解和应用的方法表示,尽量使其量化,方便应用人员操作。

(2) 易获得。指标数据的可获得性是评价体系合理性的重要标志,设置指标时应考虑指标数据是否容易获得。一般而言,指标的数据易通过查阅现有资料(如已有监测数据、社会统计数据或文献资料)获得,或易通过新的监测或调查获得。

(3) 独立性。指标应有明确的物理意义,各指标之间无交叉重复,具有各自独立的内涵,彼此不存在因果关系。

(4) 代表性。所选指标能从个性中表示幸福的共性度量,各指标要能最大限度地反映幸福河湖的某一特性,代表河湖幸福指数的某一属性。

(5) 全面性。指标应能准确反映幸福河湖的内涵,全面表达幸福河湖的各方面要求和特征。指标体系要能够覆盖幸福河湖内涵、特征的所有维度。

### 3.3.2 评价指标体系层次结构

按照指标选择原则,通过筛选经济、社会、文化、生态等领域的评价指标,考虑各地建设幸福河湖建管实际需要,在综合已有研究成果的基础上,从持久安全、资源优配、健康生态、环境宜居、文化传承、绿色富民、管理智慧等方面构建幸福河湖客观评价指标体系。该体系是多层次、多因素的。指标体系由目标层、准则层和指标层构成。目标层为河湖幸福指数,准则层以幸福河湖的特征为准则,构建持久安全指数、资源优配指数、健康生态指数、环境宜居指数、文化传承指数、绿色富民指数、管理智慧指数等子目标,指标层是各类准则的具体评价指标。幸福河湖客观评价指标体系层次结构见表 3.3。

表 3.3 幸福河湖客观评价指标体系层次结构

| 目标层 | 准则层 | 指标层 |
| --- | --- | --- |
| 河湖幸福指数 ($A$) | 持久安全 ($B_1$) | 防洪能力达标率($C_{11}$) |
| | | 排涝能力达标率($C_{12}$) |
| | | 纵向连通性指数($C_{13}$) |
| | 资源优配 ($B_2$) | 饮用水水源地水质达标率($C_{21}$) |
| | | 水功能区水质达标率($C_{22}$) |
| | | 城镇供水保障率($C_{23}$) |

续表

| 目标层 | 准则层 | 指标 层 |
|---|---|---|
| 河湖幸福指数（A） | 资源优配（$B_2$） | 农村自来水普及率（$C_{24}$） |
| | | 万元工业增加值用水量目标控制程度（$C_{25}$） |
| | | 灌溉用水保证率（$C_{26}$） |
| | 健康生态（$B_3$） | 生态用水满足程度（$C_{31}$） |
| | | 水生生物多样性指数（$C_{32}$） |
| | | 生态岸线保有率（$C_{33}$） |
| | | 滨岸带植被覆盖率（$C_{34}$） |
| | | 水土流失治理率（$C_{35}$） |
| | 环境宜居（$B_4$） | 断面水质优良率（$C_{41}$） |
| | | 湖库富营养化发生率（$C_{42}$） |
| | | 亲水休闲适宜度（$C_{43}$） |
| | | 垃圾分类集中处理率（$C_{44}$） |
| | | 污水集中处理率（$C_{45}$） |
| | | 环境整洁度（$C_{46}$） |
| | 文化传承（$B_5$） | 历史水文化遗产保护程度（$C_{51}$） |
| | | 现代水文化创造创新指数（$C_{52}$） |
| | | 水情教育普及程度（$C_{53}$） |
| | | 流域治理公众认知参与度（$C_{54}$） |
| | 绿色富民（$B_6$） | 生态产业化程度（$C_{61}$） |
| | | 产业生态化程度（$C_{62}$） |
| | | 居民可支配收入指数（$C_{63}$） |
| | 管理智慧（$B_7$） | 管护制度体系完善程度（$C_{71}$） |
| | | 工程管护到位程度（$C_{72}$） |
| | | 空间管护到位程度（$C_{73}$） |
| | | 河长制执行程度（$C_{74}$） |
| | | 信息化智能化水平（$C_{75}$） |
| | | 公众参与程度（$C_{76}$） |
| | | 公众满意度 |

### 3.3.3 指标含义与指标值确定

#### 3.3.3.1 持久安全指数的指标含义与指标值确定

持久安全指数主要通过防洪能力达标率、排涝能力达标率、纵向连通性指数等指标反映。

#### 1. 防洪能力达标率

防洪能力达标率反映河流湖实际防洪、防浪能力的达标程度，评价河湖堤防及沿河（环湖）口门建筑物防洪达标情况。

（1）河流。河流防洪能力达标率是指达到防洪标准的河道堤防占岸线总长度的比例。有堤防交叉建筑物的，须考虑堤防交叉建筑物防洪标准达标比例。防洪标准按照 GB 50201 的要求确定。河流防洪能力达标率按照式（3.2）计算，指标分值按表 3.4 赋分。

$$C_{11} = \left(\frac{D_{SR}}{R_{LR}} + \frac{B_{SR}}{B_{nR}}\right) \times \frac{1}{2} \times 100\% \tag{3.2}$$

式中：$C_{11}$ 为河流防洪能力达标率，%；$D_{SR}$ 为达到防洪标准的河道堤防长度或海塘长度，m；$R_{LR}$ 为河流或入海口岸线总长度，m；$B_{SR}$ 为达标的河流或入海口岸线交叉建筑物个数，个；$B_{nR}$ 为河流或入海口岸线交叉建筑物总个数，个。

（2）湖库。湖库防洪能力达标率是指达到防洪标准的湖库岸线占岸线总长度的比例。湖泊还应评价环湖口门满足设计标准的比例，水库还应评价水库大坝防洪安全。防洪标准按照 GB 50201 的要求确定。湖库防洪能力达标率按照式（3.3）计算，指标分值按表 3.4 赋分。

$$C_{11} = \left(\frac{D_{SL}}{R_{LL}} + \frac{B_{SL}}{B_{nL}}\right) \times \frac{1}{2} \times 100\% \tag{3.3}$$

式中：$C_{11}$ 为湖库防洪能力达标率，%；$D_{SL}$ 为达到防洪标准的湖库堤防长度，m；$R_{LL}$ 为湖库岸线总长度，m；$B_{SL}$ 为环湖达标口门宽度，m；$B_{nL}$ 为环湖口门总宽度，m。

表 3.4　　　　　　　防洪能力达标率赋分表

| 防洪能力达标率/% | ≥95 | 90 | 85 | 70 | <50 |
|---|---|---|---|---|---|
| 指标分值 | 100 | 75 | 50 | 25 | 0 |

#### 2. 排涝能力达标率

排涝能力达标率是指达到排涝标准的区域面积与河湖控制区域总面积的比值，按式（3.4）计算，指标分值按表 3.5 赋分。排涝标准按照 SL 723 的要求确定。

$$C_{12} = \frac{S_S}{S_T} \times 100\% \tag{3.4}$$

式中：$C_{12}$ 为排涝能力达标率，%；$S_S$ 为达到排涝标准的区域水面面积，$m^2$；$S_T$ 为河湖控制区域总面积，$m^2$。

## 3.3 评价指标体系

表 3.5　　　　　　　　　　排涝能力达标率赋分表

| 排涝能力达标率/% | ≥95 | 90 | 85 | 75 | <65 |
|---|---|---|---|---|---|
| 指标分值 | 100 | 75 | 50 | 25 | 0 |

**3. 纵向连通性指数**

（1）河流。河流纵向连通性指数是根据单位河长内影响河流连通性的建筑物或设施数量多少进行计算。能满足生态流量或生态水量要求的，以及有过鱼设施且能正常运行的建筑物不在统计范围内。河流纵向连通性指数按表 3.6 赋分。

表 3.6　　　　　　　　　河流纵向连通性指数赋分表

| 河流纵向连通指数/(个/10km) | 0 | 0.25 | 0.5 | 1 | ≥1.2 |
|---|---|---|---|---|---|
| 指标分值 | 100 | 80 | 60 | 40 | 0 |

（2）湖库。

1）环湖（库）河流纵向连通性指数计算。环湖（库）河流连通性应考虑主要环湖（库）河流的闸坝建设及调控状况（按断流阻隔月数统计）、主要环湖（库）河流年出入湖（库）实测径流量与出入湖（库）河流多年平均实测径流量的百分比。根据上述两个条件分别确定顺畅状况，取其中的最差状况确定每条环湖（库）河流连通性。环湖（库）河流纵向连通性指数按表 3.7 赋分，采用区间内线性插值。

表 3.7　　　　　　　环湖（库）河流纵向连通性指数赋分表

| 顺 畅 状 况 | 严重阻隔 | 阻隔 | 较顺畅 | 顺畅 |
|---|---|---|---|---|
| 阻隔月数 | [4, 12] | [2, 4) | (0, 2) | 0 |
| 年入湖（库）实测径流量占入湖（库）河流多年平均实测年径流量的比例/% | [0, 10] | (10, 40] | (40, 70) | ≥70 |
| 指标分值 | [0, 60] | (60, 75] | (75, 100) | 100 |

2）湖库纵向连通性指数计算。湖库纵向连通性指数根据环湖主要入湖和出湖河流与湖泊之间的水流畅通程度评价，按照式（3.5）计算。

$$C_{13} = \frac{\sum_{n=1}^{N_s} W_n R_n}{\sum_{n=1}^{N_s} R_n} \times 100 \tag{3.5}$$

式中：$C_{13}$ 为湖库纵向连通性指数；$N_s$ 为环湖（库）主要河流数量，条；$R_n$ 为第 $n$ 条河流该年的出入湖（库）实测径流量，$m^3/s$；$W_n$ 为第 $n$ 条环湖（库）河流连通性状况评分值。

#### 3.3.3.2 资源优配指数的指标含义及指标值确定

资源优配指数主要采用饮用水水源地水质达标率、水功能区水质达标率、城镇供水保障率、农村自来水普及率、万元工业增加值用水量目标控制程度、灌溉用水保证率等指标反映。

1. 饮用水水源地水质达标率

饮用水水源地水质达标率是指达标的集中式饮用水水源地的个数占评价区域内集中式饮用水水源地总数比例，其中单个集中式饮用水水源地采用全年内监测的均值进行评价。参评指标取 GB 3838 的地表水水环境质量标准评价的 24 个基本指标和 5 项集中式饮用水水源地补充指标。饮用水水源地水质达标率按式（3.6）计算。

$$C_{21} = \frac{Y_0}{Y_n} \times 100 \tag{3.6}$$

式中：$C_{21}$ 为饮用水水源地水质达标率；$Y_0$ 为达标的集中式饮用水水源地个数，个；$Y_n$ 为评价区域内集中式饮用水水源地总数，个。

2. 水功能区水质达标率

水功能区水质达标率是指达标的水功能区个数占评价水功能区总数的百分比，其中达标的水功能区为年内水功能区达标次数占评价次数的百分比大于或等于 80% 的水功能区。参评指标选取高锰酸盐指数和氨氮两项，监测次数应遵循 SL 395 相关规定。水功能区水质达标率按式（3.7）计算。

$$C_{22} = \frac{G_0}{G_n} \times 100 \tag{3.7}$$

式中：$C_{22}$ 为水功能区水质达标率；$G_0$ 为达标的水功能区个数，个；$G_n$ 为评价区域内水功能区总数，个。

3. 城镇供水保障率

城镇供水保障率是指有供水功能的河流或湖库对所有供水工程的水量保证程度。城镇供水保障率等于一年内逐日水位或流量达到供水保证水位或流量的天数占年内总天数的比例，按照式（3.8）计算。

$$C_{23} = \frac{D_0}{D_n} \times 100 \tag{3.8}$$

式中：$C_{23}$ 为城镇供水保障率；$D_0$ 为一年内水位或流量达到供水保证水位或流量的天数，d；$D_n$ 为年内总天数，d。

4. 农村自来水普及率

农村自来水普及率是指受评价的农村区域接收公共管网供给自来水的人口

占评价区域内常住人口的比例,按式(3.9)计算,指标分值按表3.8赋分。

$$C_{24} = \frac{P_0}{P_n} \times 100\% \tag{3.9}$$

式中:$C_{24}$为农村自来水普及率,%;$P_0$为受评价的农村区域接收公共管网供给自来水的人口,人;$P_n$为评价区域内常住人口,人。

表3.8　　　　　　　　　　农村自来水普及率赋分表

| 农村自来水普及率/% | ≥95 | 80 | 60 | 40 | 0 |
|---|---|---|---|---|---|
| 指标分值 | 100 | 75 | 50 | 25 | 0 |

5. 万元工业增加值用水量目标控制程度

万元工业增加值用水量是反映评价区域内工业生产中节水状况的指标。万元工业增加值用水量是工业用水量与工业增加值的比值。万元工业增加值用水量目标控制程度是指评价区域内实际万元工业增加值用水量与目标万元工业增加值用水量的比值,按式(3.10)计算,指标分值按表3.9赋分。

$$C_{25} = \frac{W_R}{W_S} \times 100\% \tag{3.10}$$

式中:$C_{25}$为万元工业增加值用水量目标控制程度,%;$W_R$为评价区域内实际万元工业增加值用水量,$m^3$;$W_S$为评价区域内目标万元工业增加值用水量,$m^3$。

表3.9　　　　　万元工业增加值用水量目标控制程度赋分表

| 万元工业增加值用水量目标控制程度/% | ≥100 | [90, 100) | [80, 90) | [70, 80) | <70 |
|---|---|---|---|---|---|
| 指标分值 | 100 | 75 | 50 | 25 | 0 |

6. 灌溉用水保证率

灌溉用水保证率是指能够满足实际灌溉用水量的灌溉次数与灌溉总次数的比值,按式(3.11)计算。

$$C_{26} = \frac{I_{wu}}{I_{wt}} \times 100 \tag{3.11}$$

式中:$C_{26}$为灌溉用水保证率;$I_{wu}$为满足实际灌溉用水量的灌溉次数,次;$I_{wt}$为灌溉总次数,次。

#### 3.3.3.3　健康生态指数的指标含义与指标值确定

健康生态指数主要采用生态用水满足程度、水生生物多样性指数、生态岸线保有率、滨岸带植被覆盖率、水土流失综合治理率等指标反映。

1. 生态用水满足程度

生态用水满足程度主要采用生态流量保障率来反映。生态流量保障率指评价期内河流湖库流量达到核定最小生态流量的监测次数与生态流量总监测次数的比值，按式（3.12）计算，指标分值按表 3.10 赋分。

$$C_{31} = \frac{EF_r}{EF_t} \times 100\% \tag{3.12}$$

式中：$C_{31}$ 为生态流量保障率，%；$EF_r$ 为达到核定最小生态流量的监测次数，次；$EF_t$ 为生态流量总监测次数，次。

表 3.10　　　　　　　　　生态流量保障率赋分表

| 生态流量保障率/% | <40 | [40, 70) | [70, 90) | ≥90 |
|---|---|---|---|---|
| 指标分值 | 60 | 80 | 90 | 100 |

（1）河流。生态用水满足程度指河流生态流量（或水位）的满足程度。

1）有流量监测资料的河流，采用生态流量计算方法，分别计算 4—9 月及 10 月至次年 3 月最小日均流量占多年评价流量（近 30 年）的百分比，分别匹配对照评分，取二者的最低评分为河流生态用水满足程度平均分。河流生态用水满足程度按表 3.11 赋分，可区间内线性插值。

表 3.11　　　　　　　　　河流生态用水满足程度赋分表

| （10 月至次年 3 月）最小日均流量占比/% | [30, 100] | [20, 30) | [10, 20) | [0, 10) |
|---|---|---|---|---|
| 指标分值 | 100 | [80, 100) | [40, 80) | [0, 40) |
| （4—9 月）最小日均流量占比/% | [50, 100] | [40, 50) | [30, 40) | [10, 30) | [0, 10) |
| 指标分值 | 100 | [80, 100) | [40, 80) | [20, 40) | [0, 20) |

2）无流量监测资料的河流，采用生态水位计算方法，生态水位采用近 30 年的 90% 保证率最低水位作为生态水位，计算河流逐日水位满足生态水位的百分比，指标计算结果即为对照的评分。资料覆盖度不高的区域，同一片区可采用流域规划确定的片区代表站生态水位最低值作为标准值。

（2）湖库。生态用水满足程度常用生态水位满足程度表征，即采用湖库平均水位连续达到最低生态水位的天数来衡量，最低生态水位依据相关规划或管理文件确定的限值，或采用天然水位资料法、湖泊形态法、生物空间最小需求法等确定。湖库生态用水满足程度按表 3.12 赋分。

表 3.12　　　　　　　　　　湖库生态用水满足程度赋分表

| 特　征 | 指标分值 |
|---|---|
| 年内日均水位均高于最低生态水位 | 100 |
| 日均水位低于最低生态水位，但连续 3 天平均水位不低于生态水位 | 75 |
| 连续 3 天平均水位低于最低生态水位，但连续 7 天平均水位不低于最低生态水位 | 50 |
| 连续 7 天平均水位低于最低生态水位 | 30 |
| 连续 14 天平均水位低于最低生态水位 | 20 |
| 连续 30 天平均水位低于最低生态水位 | 10 |
| 连续 60 天平均水位低于最低生态水位 | 0 |

2. 水生生物多样性指数

水生生物包括水生植物、水生动物和微生物。水生植物包括挺水植物、沉水植物、浮叶植物和漂浮植物以及湿生植物；水生动物包括底栖动物、无脊椎动物。水生生物多样性指数评价河道间隔选取评价断面，对断面区域水生生物种类、数量、外来物种入侵状况进行调查。水生生物多样性指数通过 Shannon - Winner 生物多样性指数计算，按式（3.13）计算，指标分值按表 3.13 赋分。

$$C_{32} = -\sum_{i}^{S} m_i \ln m_i \qquad (3.13)$$

式中：$C_{32}$ 为水生生物多样性指数；$S$ 为水源区域范围内总的水生生物物种数，种；$m_i$ 为第 $i$ 种水生生物物种个数占水生生物物种总数的百分比。

表 3.13　　　　　　　　　　水生生物多样性指数赋分表

| 水生生物多样性指数 | <1 | [1, 2) | [2, 3) | ≥3 |
|---|---|---|---|---|
| 指标分值 | 60 | 80 | 90 | 100 |

3. 生态岸线保有率

生态岸线保有率是指河湖生态岸线长度与河湖岸线总长度的比值，按式（3.14）计算。河湖生态岸线是指保护既有的自然岸线，或采用生态修复办法构筑具有自然岸线属性的岸线。

$$C_{33} = \frac{L_n}{L_t} \times 100 \qquad (3.14)$$

式中：$C_{33}$ 为生态岸线保有率；$L_n$ 为河湖生态岸线长度，m；$L_t$ 为河湖岸线总长度，m。

4. 滨岸带植被覆盖率

滨岸带植被覆盖率是指河湖滨岸带植被覆盖面积与河湖滨岸带总面积的比值，按式（3.15）计算，指标分值按表 3.14 赋分。

$$C_{34} = \frac{A_p}{A_s} \times 100\% \qquad (3.15)$$

式中：$C_{34}$ 为滨岸带植被覆盖率，%；$A_p$ 为河湖岸滨岸带植被覆盖面积，m²；$A_s$ 为河湖岸带总面积，m²。

表 3.14　　　　　　　　　滨岸带植被覆盖率赋分表

| 滨岸带植被覆盖率/% | 说　明 | 指标分值 |
| --- | --- | --- |
| 0～5 | 几乎无植被 | 0 |
| 5～25 | 植被稀疏 | 25 |
| 25～50 | 中密度覆盖 | 50 |
| 50～75 | 高密度覆盖 | 75 |
| >75 | 极高密度覆盖 | 100 |

5. 水土流失综合治理率

水土流失综合治理率是指实际水土流失治理面积与计划实施水土流失治理总面积的比值，按式（3.16）进行确定，指标分值按表 3.15 赋分。水土流失综合治理标准按照 GB 15773 的要求确定。

$$C_{35} = \frac{ET_r}{ET_t} \times 100\% \qquad (3.16)$$

式中：$C_{35}$ 为水土流失综合治理率，%；$ET_r$ 为实际水土流失治理面积，km²；$ET_t$ 为计划实施水土流失治理总面积，km²。

表 3.15　　　　　　　　　水土流失综合治理率赋分表

| 水土流失综合治理率/% | <85 | [85, 90) | [90, 95) | ≥95 |
| --- | --- | --- | --- | --- |
| 指标分值 | 60 | 80 | 90 | 100 |

**3.3.3.4　环境宜居指数的指标含义与指标值确定**

环境宜居指数主要采用断面水质优良率、湖库富营养化发生率、亲水休闲适宜度、垃圾分类集中处理率、污水集中处理率、环境整洁度等指标反映。

1. 断面水质优良率

断面水质优良率是指河湖监测断面水质达到优良考核等级的监测次数与监测总次数的比值，按式（3.17）进行确定。

$$C_{41} = \frac{M_a}{M_t} \times 100\% \qquad (3.17)$$

式中：$C_{41}$ 为断面水质优良率，%；$M_a$ 为监测断面水质达到优良考核等级的监测次数，次；$M_t$ 为监测断面水质监测总次数，次。

水样的采样布点、监测频率及监测数据的处理应遵循 SL 219 相关规定，水质评价应遵循 GB 3838 相关规定。

有多次监测数据时应采用多次监测结果的平均值，有多个断面监测数据时应以各监测断面的代表性河长占比作为权重，计算各个断面监测结果的加权平均值。

水质类别评判时分项指标选择应符合评价年河长制、湖长制水质指标考核的要求，由评价时段内最差水质项目的水质类别代表该河湖的水质类别。当多个水质项目浓度均为最差水质类别时，分别进行评分，取最低值。断面水质优良率按表 3.16 赋分。

表 3.16 断面水质优良率赋分表

| 断面水质优良率 | ≥90 | 75 | 60 | 40 | 0 |
|---|---|---|---|---|---|
| 指标分值 | 100 | 75 | 50 | 25 | 0 |

**2. 湖库富营养化发生率**

湖库富营养化发生率是指营养状态指数达到轻度富营养化程度及以上的天数占全年天数的比例。按照 SL 395 的相关规定计算湖库富营养化发生率，营养状态指数的对照评分见表 3.17，赋分采用区间内线性插值。

表 3.17 湖库富营养化发生率赋分表

| 营养状态指数 | 中营养 | 轻度富营养 | 中度富营养 | 重度富营养 |
|---|---|---|---|---|
|  | [20, 50] | (50, 60] | (60, 80] | (80, 100] |
| 指标分值 | (90, 100] | (75, 90] | (60, 75] | (0, 60] |

**3. 亲水休闲适宜度**

亲水休闲适宜度反映美丽宜居河湖的建设指标。城镇区域与乡村区域分别采用绿道比例和美丽乡村建设率分别表征亲水休闲适宜度。

（1）城镇区域。城镇区域亲水休闲适宜度采用亲水休闲适宜度表征。绿道比例是指各级绿道总长度占河湖岸线长度的比例，按式（3.18）计算。

$$C_{43} = \frac{L_g}{L_R} \times 100 \tag{3.18}$$

式中：$C_{43}$ 为亲水休闲适宜度；$L_g$ 为各级绿道总长度，m；$L_R$ 为评价区域岸线总长度，m。

（2）乡村区域。城镇区域亲水休闲适宜度采用美丽宜居乡村建成率表征。美丽宜居乡村建成率是指评价区域内建成的美丽乡村占总乡村数的比例，按式（3.19）计算。

$$C_{43} = \frac{N_d}{N} \times 100 \tag{3.19}$$

式中：$C_{43}$ 为美丽宜居乡村建成率；$N_d$ 为已建成的美丽乡村数，个；$N$ 为评价区域的乡村总数，个。

**4. 垃圾分类集中处理率**

垃圾分类集中处理率反映评价区域内人们生产、生活产生的垃圾处理状况，垃圾分类集中处理率是指评价区域内垃圾分类处理量占评价区域内垃圾总量的比例，按式（3.20）计算。

$$C_{44} = \frac{M_C}{M_T} \times 100 \tag{3.20}$$

式中：$C_{44}$ 为垃圾分类集中处理率；$M_C$ 为评价区域内垃圾分类处理量，t；$M_T$ 为评价区域内垃圾总量，t。

**5. 污水集中处理率**

污水集中处理率反映评价区域内人们生产、生活产生的污水处理状况。污水集中处理率是指评价区域内污水集中收集处理量占评价区域内污水总量的比例，按式（3.21）计算。

$$C_{45} = \frac{V_C}{V_T} \times 100 \tag{3.21}$$

式中：$C_{45}$ 为污水集中处理率；$V_C$ 为评价区域内污水集中收集处理量，$m^3$；$V_T$ 为评价区域内污水总量，$m^3$。

**6. 环境整洁度**

环境整洁度是指对以河湖为中心的区域范围内空气质量、水面保洁、污水处理、垃圾清运、噪声达标、环境保洁等环境整治效果的综合反映，指标分值按表 3.18 赋分。

表 3.18    环境整洁度赋分表

| 环境整洁度 | 低 | 中 | 高 | 很高 |
| --- | --- | --- | --- | --- |
| 指标分值 | 60 | 70 | 90 | 100 |

#### 3.3.3.5 文化传承指数的指标含义与指标值确定

文化传承指数采用历史水文化遗产保护率、现代水文化创造创新指数、水情教育普及程度、河湖治理公众认知参与度等指标反映。

**1. 历史水文化遗产保护率**

历史水文化遗产是指流域内沿河或湖库区域内的古桥、古堰、古码头、古闸、古堤、古河道、古塘、古井、文化故事、人文艺术、区域习俗等物质和非物质历史文化遗产。历史水文化遗产保护率是指有效保护的历史水文化遗产数量与水文化遗产总数的比值，按式（3.22）计算。

$$C_{51} = \frac{WH_{hp}}{WH_{ht}} \times 100 \tag{3.22}$$

式中：$C_{51}$ 为历史水文化遗产保护率；$WH_{hp}$ 为评价区域内有效保护的历史水文化遗产数量，个；$WH_{ht}$ 为评价区域内历史水文化遗产总数，个。

2. 现代水文化创造创新指数

现代水文化创造创新是指在独流入海型河流流域内的旅游、教育、产业等经济社会发展中应用现代手法展现现代水文化资源的程度，反映流域现代治理管理中脍炙人口的故事、相关艺术作品、以流域治理、河长制为主题的文化节、文化长廊、教育基地、示范区等载体的展示程度，通常通过石、墙、雕塑、碑、亭、馆、文学、戏剧、音乐、美术、书法、摄影、舞蹈、影视、动漫、报纸杂志、广播电视、影视、广告、网络、微信公众号、公众平台、自媒体、APP 应用等方式展示。现代水文化创造创新指数是指采用现代创造创新手法展示的现代水文化数量占评价区域内现代水文化总数量的比例，按照式（3.23）计算。

$$C_{52} = \frac{WH_{np}}{WH_{nt}} \times 100 \tag{3.23}$$

式中：$C_{52}$ 为现代水文化创造创新指数；$WH_{np}$ 为采用现代创造创新手法展示的现代水文化数量，个；$WH_{nt}$ 为评价区域内现代水文化总数量，个。

3. 水情教育普及程度

水情教育普及程度反映评价区域内人们知水、节水、护水、亲水的状况。水情教育普及程度是指评价区内掌握和了解节水、护水知识、亲水安全防护知识的人数占评价区域内总人数的比值，按照式（3.24）计算。

$$C_{53} = \frac{P_{wk}}{P_t} \times 100 \tag{3.24}$$

式中：$C_{53}$ 为水情教育普及程度；$P_{wk}$ 为掌握和了解节水、护水知识、亲水安全防护知识的人数，人；$P_t$ 为评价区域内总人数，人。

4. 河湖治理公众认知参与度

河湖治理公众认知参与度反映沿河或湖库区域内公众对流域治理历史、治理精神、治理知识的了解程度以及对流域当前或未来治理思想的关注和参与程度。河湖治理公众认知参与度是指评价区域内关注参与的人数占区域总人数的比例，按照式（3.25）计算。

$$C_{54} = \frac{P_{wt}}{P_t} \times 100 \tag{3.25}$$

式中：$C_{54}$ 为河湖治理公众认知参与度；$P_{wt}$ 为评价区域内认识了解流域治理历史、治理精神、治理知识以及关注和参与流域当前或未来治理的人数，人；$P_t$ 为评价区域内的总人数，人。

#### 3.3.3.6 绿色富民指数的指标含义与指标值确定

绿色富民指数采用生态产业化程度、产业生态化程度、居民人均可支配收入指数等指标表征。

1. 生态产业化程度

生态产业化是指按照产业化规律推动生态建设，针对河湖区域独特的资源禀赋和生态环境条件，通过建立生态建设与经济发展之间良性循环的机制，推动生态要素向生产要素、生态财富向物质财富转变，促进生态与经济良性循环发展，实现生态资源的保值增值，把"绿水青山"变成"金山银山"。流域内主要生态产业化发展内容包括发展生态旅游、开发休闲农业、森林生态康养、水乡渔村；推进茶叶、蔬菜、水果、食用菌等农产品商品化处理和精深加工；关停取缔"散乱污"企业等，逐步形成"一村一品"的初级版、具备规模的中级版和具有品牌的高级版生态产业。生态产业化程度是指评价区域内资源生态产业化产值占评价区域内地区生产总值的比例，按式（3.26）计算，指标分值按表3.19赋分。

$$C_{61} = \frac{P_{ei}}{P_{\text{GDP}}} \times 100 \tag{3.26}$$

式中：$C_{61}$ 为生态产业化程度；$P_{ei}$ 为评价区域内资源生态产业化产值，万元；$P_{\text{GDP}}$ 为评价区域内地区生产总值，万元。

表3.19　　　　　　　　　　生态产业化程度赋分表

| 生态产业化程度 | <10 | [10, 20) | [20, 50) | [50, 80) | ≥80 |
|---|---|---|---|---|---|
| 指标分值 | 50 | 70 | 80 | 90 | 100 |

2. 产业生态化程度

产业生态化是河湖区域内不同产业、企业之间，按照"绿色、循环、低碳"产业发展要求，利用先进生态技术，培育发展资源利用率高、能耗低、排放少、生态效益好的新兴产业，采用节能低碳环保技术改造传统产业，实施产业转型升级，减少废弃物排放，降低对生态环境的污染、破坏，促进绿色化产业链发展，实现健康可持续发展。产业生态化程度是指评价区域内现有产业生态化改造数量占评价区域内产业总数，按式（3.27）计算，指标分值按表3.20赋分。

$$C_{62} = \frac{N_{ie}}{N_T} \times 100\% \tag{3.27}$$

式中：$C_{62}$ 为产业生态化程度，％；$N_{ie}$ 为评价区域内现有产业生态化改造数量，个；$N_T$ 为评价区域内产业总数，个。

表3.20　　　　　　　　　　产业生态化程度赋分表

| 产业生态化程度 | <10 | [10, 20) | [20, 50) | [50, 70) | ≥70 |
|---|---|---|---|---|---|
| 指标分值 | 50 | 70 | 80 | 90 | 100 |

3. 居民人均可支配收入指数

居民人均可支配收入指数是指流域内河湖所在区域居民人均可支配收入与当年福建省居民人均可支配收入的比值，按式（3.28）计算，指标分值按表3.21赋分。

$$C_{63} = \frac{I_M}{I_P} \times 100 \tag{3.28}$$

式中：$C_{63}$为居民人均可支配收入指数；$I_M$为评价区域内居民人均可支配收入，元。

表3.21　　　　　　　　居民人均可支配收入指数赋分表

| 居民人均可支配收入指数 | [90，∞) | [60，90) | [40，60) | [0，40) |
|---|---|---|---|---|
| 指标分值 | 100 | 80 | 70 | 50 |

#### 3.3.3.7 管理智慧指数的指标含义与指标值确定

管理智慧指数主要采用管护制度体系完善程度、工程管护到位程度、空间管护到位程度、河长制执行程度、信息化智能化水平、公众参与程度等指标反映。

1. 管护制度体系完善程度

管护制度体系完善程度主要体现在河（湖）长组织与责任体系、河长办组织与工作机制、河长制组成部门职责、一河（湖）一档建设、一河（湖）一策方案编制、岸线保护利用规划编制、采砂管理规划编制、河（湖）长会议制度、河（湖）长制信息共享报送制度、河（湖）长制工作督察制度、河（湖）长制考核问责与激励制度、河（湖）长制验收制度及河湖管理保护相关制度等方面。按表3.22对各管理主体、管护经费、规划管理等指标打分，管护制度体系完善程度按式（3.29）计算。

$$C_{71} = \frac{D_{11} + D_{12} + D_{13}}{300} \times 100 \tag{3.29}$$

式中：$C_{71}$为管护制度体系完善程度；$D_{11}$为管理主体得分；$D_{12}$为管护经费得分；$D_{13}$为规划管理得分。$D_{11}$、$D_{12}$、$D_{13}$按照表3.22进行打分。

表3.22　　　　　　　　管护制度体系完善程度打分细则

| | 评价内容 | 评分细则 |
|---|---|---|
| 管理主体（$D_{11}$） | 河道有无"河长" | 无"河长"，二级指标"管理主体"不得分 |
| | "河长制"落实到位（50分） | "河长"工作职责不明确，扣15分；"河长"未按照相关制度履职尽责，每次扣5分，最高扣15分；未完成上级下达的任务，每项任务扣10分，最高扣20分 |
| | 河道管理岗位明确，职责清晰、落实到人（50分） | 按照以下三种情况评定：河道管理工作没有相应的岗位设置，管理工作无法执行，扣50分；若岗位明确，但职责不清、没有相应的责任人，扣30分；若岗位明确、职责清晰，但人员配备（数量与工作能力）不能满足河道管理的需求，扣10分 |

续表

| | 评价内容 | 评 分 细 则 |
|---|---|---|
| 管护经费 ($D_{12}$) | 稳定的经费投入机制与规范的资金使用制度 (100分) | 经费管理制度或办法缺失,扣30分;资金渠道不明确,无经费落实的相关文件,每笔扣20分,最高扣40分;经费使用不符合相关经费管理制度或办法,每项扣10分,最高扣30分 |
| 规划管理 ($D_{13}$) | 编制河道保护规划,并按规划实施 (60分) | 按照以下情况扣分:未编制河道保护规划或相关规划,扣60分;有河道保护规划或相关规划,规划针对性和可操作性不强,视情况扣10~30分;规划未按照进度安排落实到位,实施进度滞后,视情况扣10~30分 |
| | 编制河道管理"一河一策",并落实到位 (40分) | 按照以下情况扣分:未编制"一河一策",扣40分;编制的"一河一策"针对性、可操作性不强,视情况扣10~20分;"一河一策"未实施到位,河道状况未得到改善,视情况扣10~20分 |

**2. 工程管护到位程度**

工程管护是指管理主体对河湖工程设施和管理设施的管护,确保工程设施达标运行、安全运行以及管理设施齐全完整,包括工程标准、安全生产、工程维护和管理设施4个方面。按表3.23对工程标准、安全生产、工程维护、管理设施等指标打分,工程管护到位程度按式(3.30)计算。

**表3.23 工程管护到位程度打分细则**

| | 评价内容 | 评 分 细 则 |
|---|---|---|
| 工程标准 ($D_{21}$) | 工程达到设计标准 (100分) | 用工程达标率表示,工程达标率是指工程实际防洪(排涝/供水)能力或过流能力与设计防洪(排涝/供水)能力或设计流量的比值。达到设计标准,得100分;达不到设计标准的,达标率每降低10%,扣10分 |
| 安全生产 ($D_{22}$) | 调度运行指令执行规范 (40分) | 河道工程(闸、站)落实供水、防洪、排涝计划,调度运行指令执行效率高,得满分40分;未及时或按要求执行调度运行指令,每次扣20分,最高扣40分 |
| | 建立安全生产责任制和编制安全生产应急预案 (60分) | 未落实安全生产责任制或责任制落实不到位,视情况扣10~30分;未编制安全生产应急预案,扣30分 |
| 工程维护 ($D_{23}$) | 检查观测正常开展 (20分) | 各项工程无专人管理,扣5分;未规定河道工程检查频次,未按期检查,扣5分;未按照要求进行工程观测、河势观测,记录整编不规范,扣5分;未向上级定期报告,扣5分 |

续表

| 　 | 评价内容 | 评 分 细 则 |
|---|---|---|
| 工程维护 ($D_{23}$) | 维修养护及时到位 (70分) | 日常养护占35分：未做好工程检查，未合理划分日常养护、专项维修，扣5分；未对堤防工程、穿堤建筑物、涵闸、河道防护工程、生物防护工程等工程进行养护，每项视情况扣2~10分，最高扣30分。<br>工程维修占35分：未及时排查、探查工程隐患，扣5分；未根据探查结果编制维修方案并实施，未做到应修尽修，未保障工程完好、质控达标，扣10分；维修后工程未达到设计标准，扣10分；汛期发生险情，未做好抢修工作，扣10分 |
| 　 | 害堤动物防治有效 (10分) | 害堤动物影响工程运行或安全，视情况扣5~10分 |
| 管理设施 ($D_{24}$) | 管理设施齐全、完整 (100分) | 巡查设施设备、观测设施、管理用房等未满足管理需求，每项扣10分，最高扣30分；巡查通道不畅通，不具备巡查条件，视情况扣20~40分；河道标志标牌不齐全、不完整、有损坏，每处扣10分，最高扣30分 |

$$C_{72} = \frac{D_{21} + D_{22} + D_{23} + D_{24}}{400} \times 100 \quad (3.30)$$

式中：$C_{72}$为工程管护到位程度；$D_{21}$为工程标准得分；$D_{22}$为安全生产得分；$D_{23}$为工程维护得分；$D_{24}$为管理设施得分。$D_{21}$、$D_{22}$、$D_{23}$、$D_{24}$按照表3.23进行打分。

**3. 空间管护到位程度**

空间管护到位程度主要体现在河湖管理范围划界、公告发布及立桩、水域空间管控制度落实、河湖空间监测等方面。按表3.24对划界确权、水域管护等指标进行打分，空间管护到位程度按式（3.31）计算。

表3.24　　　　　　　　空间管护到位程度打分细则

| 三级指标 | 评价内容 | 评 分 细 则 |
|---|---|---|
| 划界确权 ($D_{31}$) | 划定河道管理范围 (60分) | 河道管理范围划界完成率要求为100%，每降低1%，扣1分；划界界桩界牌不齐全、不完整、有损坏，视情况扣2~10分；划界结果未公告，扣10分；划界范围未纳入水利、规划等部门相关信息管理系统，扣10分。最高扣60分 |
| 　 | 推进确权工作 (40分) | 已确权的管理范围土地使用证领取率低于95%的，每降低2%，扣1分；穿堤建筑物等点状工程占压地未确权，扣20分。最高扣40分 |

续表

| 三级指标 | 评价内容 | 评 分 细 则 |
|---|---|---|
| 水域管护 ($D_{32}$) | 水域岸线保洁到位 (40分) | 未制定保洁制度，扣10分；未制定保洁考核实施细则，扣10分；未能将保洁责任及其保洁责任区落实到单位或人，扣10分；保洁落实不到位，视情况扣5~10分 |
|  | 水域空间管控到位 (60分) | 水域空间面积减少，扣10分；未开展河湖空间监测，扣10分；未定期进行水面保洁，扣10分；水面保洁不到位，视情况扣5~10分 |

$$C_{73} = \frac{D_{31} + D_{32}}{200} \times 100 \tag{3.31}$$

式中：$C_{73}$ 为空间管护到位程度；$D_{31}$ 为划界确权得分；$D_{32}$ 为水域管护得分。$D_{31}$、$D_{32}$ 按照表3.24进行打分。

**4. 河长制执行程度**

河长制执行程度主要体现在"四乱"问题销号、河（湖）长对重要事项的部署、河（湖）长巡河（湖）问题处理、涉水建设项目管理、行政执法等方面。按表3.25对涉水建设项目管理、行政执法等指标进行打分，河长制执行程度按式（3.32）计算。

表3.25　　　　　　　　河长制执行程度打分细则

| | 评价内容 | 评 分 细 则 |
|---|---|---|
| 涉水建设项目管理 ($D_{41}$) | 建设项目符合立项和审批的相关程序 (40分) | 建设项目不符合立项程序，扣20分；严格执行涉河项目许可或审批程序，对涉河项目进行相关评价或论证，每缺少一项论证或评价，扣10分，最高扣20分 |
| | 建设项目监管到位 (30分) | 落实分级管理制度，按照行政许可、审批文件要求依法对建设项目进行事前、事中、事后严格监管。事前监管不到位，视情况扣5~10分；事中监管不到位，视情况扣5~10分；事后监管不到位，视情况扣5~10分 |
| | 落实建设项目占用补偿 (30分) | 未落实涉水建设项目占用补偿制度和标准，视其程度扣10~30分 |
| 行政执法 ($D_{42}$) | 违法行为及时发现 (50分) | 联合执法或协调机制未覆盖到河道，扣15分；未制定河道巡查方案，扣15分；未按照巡查方案巡查河道，扣10分；未及时上报或处理违法采砂、违法乱排、排污口违法设置、违建等违法行为，扣10分 |
| | 违法行为依法查处 (30分) | 案件查处及时，对于重大水事违法案件实行挂牌督办，查处手续、资料不完备，存在违规执法，视情况扣5~10分；河道沿岸存在违排、违采和违规建设，每发现一处扣5分，最多扣10分；对河道新设障制止不力，清障不及时，扣10分 |
| | 违法行为查处结案率高 (20分) | 案件查处结案率不大于90%，得20分，每降低1%扣1分 |

$$C_{74} = \frac{D_{41} + D_{42}}{200} \times 100 \tag{3.32}$$

式中：$C_{74}$ 为河长制执行程度；$D_{41}$ 为涉水建设项目管理得分；$D_{42}$ 为行政执法得分。$D_{41}$、$D_{42}$ 按照表 3.25 进行打分。

5. 信息化智能化水平

信息化智能化水平主要体现在基础数据库的建立、实现信息化和灾害预报预警等方面。按表 3.26 对信息化水平、灾害预报预警能力等指标进行打分。信息化智能化水平按式（3.33）计算。

表 3.26　　　　　　　　　信息化智能化水平打分细则

| 评价内容 | 评 分 细 则 |
|---|---|
| 信息化水平<br>（$D_{51}$）<br>（100 分） | 建立有基本数据库，做好及时动态更新和信息可共享。应符合《水文资料整编规范》（SL 247）的要求。建立河道基本情况数据库（包括河道断面、水文资料、工程情况、管理情况等），资料不完整或缺失，视情况每项扣 5～10 分，最高扣 40 分；数据库每年未及时更新、复核、补充，视情况扣 10～30 分；未实现数据共享，视情况扣 10～30 分 |
| 灾害预报预警能力<br>（$D_{52}$）<br>（100 分） | 灾害预报预警能力是指评价区域具备预报预警站、上游雨量站、自动化预报预警系统和专业预报预警技术人员等预报预警所需要素。预警预报站和上游雨量站的布设及自动化预报预警系统应符合《河流流量测验规范》（GB 50179）、《水文站网规划技术导则》（SL 34）、《降雨量观测规范》（SL 21）、《水文自动测报系统技术规范》（SL 61）、《水文测验实用手册》等规范要求。预报预警站、上游雨量站、自动化预报预警系统和专业预报预警技术人员等指标各占 25 分 |

$$C_{75} = \frac{D_{51} + D_{52}}{200} \times 100 \tag{3.33}$$

式中：$C_{75}$ 为信息化智能化水平；$D_{51}$ 为信息化水平得分；$D_{52}$ 为灾害预报预警能力。$D_{51}$、$D_{52}$ 按照表 3.26 进行打分。

6. 公众参与程度

公众参与程度主要体现在河湖相关信息的获取通道通畅、监督通道通畅、对公众举报问题予以及时处理并回应，实行"一事一办"办结率高、社会宣传到位。按表 3.27 对河湖相关信息的获取通道通畅性、监督通道通畅性、"一事一办"办结率、社会宣传程度等指标进行打分。公众参与程度按式（3.34）计算。

表 3.27　　　　　　　　　公众参与程度打分细则

| 评价内容 | 评 分 细 则 |
|---|---|
| 河湖相关信息的获取通道通畅性（$D_{61}$）<br>（20 分） | 公众能够通过网站、报纸等公开渠道获取河湖有关资料信息，每有一个渠道得 5 分，最高得 20 分 |

续表

| 评价内容 | 评 分 细 则 |
|---|---|
| 监督通道通畅性（$D_{62}$）（30分） | 公众能够通过写信、电话、网络等通道对涉水违法行为进行举报，举报通道顺畅，每有一个通道得6分，最高得30分 |
| "一事一办"办结率（$D_{63}$）（30分） | 有关部门应该对公众举报问题予以处理并回应，实行"一事一办"——交办、督办、查办，办结率高，得满分30分；缓办、不办，每事扣10分，最高扣30分 |
| 社会宣传到位程度（$D_{64}$）（20分） | 定期组织有关河道的保护宣传活动（尤其在世界水日、中国水周期间），视宣传广度和深度情况得5～10分；河道管理工作是否公开透明，是否能够使公众监督有效，视情况得5～10分 |

$$C_{76} = \frac{D_{61} + D_{62} + D_{63} + D_{64}}{400} \times 100 \quad (3.34)$$

式中：$C_{76}$ 为公众参与程度；$D_{61}$ 为河湖相关信息的获取通道通畅性得分；$D_{62}$ 为监督通道通畅性得分；$D_{63}$ 为"一事一办"办结率得分；$D_{64}$ 为社会宣传到位程度得分。$D_{61}$、$D_{62}$、$D_{63}$、$D_{64}$ 按照表3.27进行打分。

#### 3.3.3.3.8 公众满意度的指标含义与指标值确定

公众满意度是指公众对河湖持久安全、资源优质、健康生态、环境宜居、文化传承、绿色富民、管理智慧等方面的总体满意程度。通过填写公众满意度调查表（表3.2）的方法开展评价，其赋分取评价区域内参与调查的公众打分的平均值。根据公众满意度分值按表3.28确定评价区域内公众满意度等级。

表3.28  公众满意度分值及其对应等级

| 公众满意度等级 | 很满意 | 满意 | 基本满意 | 不满意 |
|---|---|---|---|---|
| 指标分值 | [95, 100] | [80, 95) | [60, 80) | [0, 60) |

## 3.4 幸福指数计算方法与等级划分

### 3.4.1 幸福指数计算方法

**1. 按全流域或小流域评价**

采用加权平均法对河湖区域进行评价，河湖幸福指数由一级指标得分加权平均得出，一级指标得分由该指标下的二级指标得分加权平均得到。一级、二级指标满分均为100分。河湖幸福指数按照式（3.35）计算。

$$HI = \sum_{j=1}^{7} w_j \left( \sum_{i=1}^{} w_{ji} a_{ji} \right) \quad (3.35)$$

式中：$HI$ 为河湖幸福指数；$w_j$ 为第 $j$ 准则层的权重；$w_{ji}$ 为第 $j$ 准则层第 $i$ 指标

的权重；$a_{ji}$ 为第 $j$ 准则层第 $i$ 指标的得分。

2. 按河段区域评价

按河段区域评价，河湖幸福指数可通过各河段所占整条河道的比重加权计算得出。各河段权重按照式（3.36）计算，各河段幸福指数按照式（3.37）计算，全河道幸福指数按照式（3.38）计算。

$$w_k = \frac{L_k}{\sum_{k=1}^{N} L_k} \tag{3.36}$$

式中：$w_k$ 为第 $k$ 河段占整条河道的比重；$L_k$ 为河道第 $k$ 河段的长度，m；$N$ 为河道划分的河段数。

$$HI_k = \sum_{j=1}^{7} (w_j)_k (\sum_{i=1}^{n} (w_{ji})_k (a_{ji})_k) \tag{3.37}$$

式中：$HI_k$ 为第 $k$ 河段的幸福指数；$(w_j)_k$ 为第 $k$ 河段第 $j$ 准则层的权重；$(w_{ji})_k$ 为第 $k$ 河段第 $j$ 准则层第 $i$ 指标的权重；$(a_{ji})_k$ 为第 $k$ 河段第 $j$ 准则层第 $i$ 指标的得分。

$$HI = \sum_{k=1}^{N} w_k HI_k \tag{3.38}$$

式中：$HI$ 为全河道的幸福指数；$w_k$ 为第 $k$ 段河段占整条河道的比重；$HI_k$ 为第 $k$ 段的河段幸福指数。

### 3.4.2 权重确定方法

合理的权重确定方法是评价结果合理性的关键因素。确定权重有很多方法，主要可分为三大类：主观赋权法（如环比评分法、专家咨询法、二项系数法等）、客观赋权法（如层次分析法、主成分分析法、熵权法、神经网络法等）和等权重赋权法。在具体应用中，可根据实际需求选定。

### 3.4.3 幸福等级划分

评价标准是评价指标的价值尺度和界限，科学合理地划分评价指标的等级是衡量河流幸福程度的关键步骤，由于幸福河理念提出的时间较短，虽然已开展了一些研究，但不同的学者有不同的认识和判别标准。本书借鉴《水生态文明城市建设评价导则》及国民幸福总值划分标准等相关技术文件、文献资料划分标准和专家经验，对幸福程度的判定标准进行等级划分。按照幸福指数大小，将河湖的幸福程度划分为非常幸福、幸福、一般幸福和不幸福 4 个等级。幸福指数满分为 100 分，若幸福指数 $HI \in [90, 100]$，幸福等级为"非常幸福"；若幸福指数 $HI \in [80, 90)$，幸福等级为"幸福"；若幸福指数 $HI \in [60, 80)$，幸福等级为"一般幸福"；若幸福指数 $HI \in [0, 60)$，幸福等级为"不幸福"。河湖幸福程度等级划分见表 3.29。

表 3.29　　　　　　　　　　河湖幸福程度等级划分

| 幸福指数 | 幸福等级 | 基 本 状 态 描 述 |
|---|---|---|
| [90，100] | 非常幸福 | 河湖具有健康平衡的生态系统和整洁宜居的自然社会环境，能为人类生产生活和生态系统提供充足优质的水资源，具备相应标准的防洪排涝抗旱能力，具有深厚并能够传承的优秀水文化，是区域或流域经济社会发展的重要轴线或中心 |
| [80，90) | 幸福 | 河湖具有基本健康的生态系统和较为宜居的自然社会环境，能为人类生产生活和生态系统提供满足需求的水资源，具备相应标准的防洪排涝抗旱能力，具有能够传承的水文化，在区域或流域经济社会发展发挥重要作用 |
| [60，80) | 一般幸福 | 河湖生态系统在一定范围和程度上保持基本健康，自然和社会环境一般，能为人类生产生活和生态系统提供基本的水资源需求，重要区域（区段）具备相应标准的防洪排涝抗旱能力，具有能够传承的水文化，对区域或流域经济社会发展的促进作用不明显 |
| [0，60) | 不幸福 | 河湖生态系统存在一定结构性缺陷，个别时段或区域出现生态失衡状态，自然环境和社会环境较差，不适宜人类居住生活，水资源常发生短缺现象，主要区域（区段）不具备相应标准的防洪排涝抗旱能力，无明显水文化，对区域或流域经济社会发展无促进作用 |

# 第 4 章　幸福河湖建设思路与方法体系

## 4.1　建设目标与原则

### 4.1.1　建设目标

围绕国家战略要求，根据当地基础条件和发展需求，从防洪保安全、优质水资源、宜居水环境、健康水生态、先进水文化、智慧水管理和绿色水经济等方面确定幸福河湖建设目标。幸福河湖建设目标的确定既要考虑局部要求，更要考虑整体要求；既要结合当前发展需要，更要考虑未来发展需要，因此，幸福河湖建设目标在时间进程上主要包括近期目标和远期目标。

#### 4.1.1.1　近期目标

开展区域幸福河湖建设，经过 5~10 年左右的建设、治理和管理，区域内主干河道和主要湖库基本建成幸福河湖，特别是在本地区具有重要地位的母亲河，需作为幸福河湖建设的重点，应被列为幸福河湖建设近期目标实现的突破和示范。幸福河湖建设的近期目标包括以下内容。

（1）建成结构完整、功能健全、达到安全标准的蓄水、输水、调水和供水工程体系，能够应对超长梅雨期、超强台风、极端暴雨、极端高温等极端气候条件，确保区域内人民群众生命财产安全和社会经济发展有序。

（2）河湖能为区域内工业农业提供可靠、足量的生产用水，为人民群众提供洁净安全的生活用水，为区域环境提供持续充足的生态用水，有效协调生产、生活和生态用水间的和谐关系。

（3）河湖水体污染负荷得到有效削减，水环境质量得到有效改善，尤其需消除黑臭水体，水土流失面积得到有效控制，区域生态系统结构完整、功能健全，基本构建出自然和谐的山水林田湖草沙生命共同体。

（4）充分依托当地自然禀赋和资源优势，创建个别具有引领和示范作用的幸福河湖示范城镇和乡村建成各美其美、美美与共的河湖环境，舒适便捷、幸福安居的美好家园，形成宜居宜业的轴线和纽带。

（5）利用现代数字化、网络化新技术，基本建成区域数字水网，初步实现监测数据自动采集处理、工程运行远程自动监控、决策指令实时准确发布。

（6）水利工程遗址遗迹得到有效保护和利用，建成一批传承河湖文化的载体，初步形成具有一定代表性和影响力的水文化品牌。

（7）区域产业结构更加合理，城乡可持续发展更加均衡，富民共享的绿色水经济得到有效发展，在助力乡村振兴中发挥明显作用。

#### 4.1.1.1.2 远期目标

开展全域幸福河湖建设，经过 10～15 年的建设，区域河湖全部建成幸福河湖，全域河湖水系实现安全、健康、美丽、惠民的目标，河湖治理体系与管理能力达到国际先进水平，让河湖重现人们记忆里的美好河湖，又成为承载现代文明的未来河湖，极大地提高人民群众的获得感、幸福感和安全感。

### 4.1.2 建设原则

1. 以人为本，坚持人民至上

坚持以人民为中心，统筹水安全、水资源、水环境、水生态、水文化、水管理、水经济等，以满足人民日益增长的美好生活的向往为目标，让河湖成为广大群众休闲游憩的好去处，让人民共享发展成果，进一步提升居民满意度、获得感和幸福感，建设人民喜爱和满意的幸福河湖。

2. 尊重自然，坚持保护优先

牢固树立尊重自然、顺应自然、保护自然的理念，以水定城、以水定业、以水定地、以水定人，强化规划约束，促进河湖休养生息、维护河湖生态功能。共抓大保护、不搞大开发，正确处理河湖管理保护与开发利用的关系，不断改善河湖生态环境和生态功能，提升河湖生态系统的完整性和稳定性。

3. 因地制宜，坚持系统治理

立足不同区域、不同等级河湖实际，分析河湖的自然特性、功能定位和发展需求，坚持系统治理，统筹山水林田湖草沙生命共同体，综合施策。在保证防洪排涝、供水安全等基本功能的前提下，充分考虑河湖环境、生态、景观文化等功能的需要，以空间管理为基础，以资源管理为关键，以功能管理为根本，因地制宜确定河湖建设目标和治理重点，全面系统治理河湖，精准施策，分类实施。

4. 立足发展，坚持共建共享

结合国家生态文明示范区、美丽宜居城镇、美丽乡村等创建要求，统筹推进水安全保障、水资源保护、水环境治理、水生态修复、水文化传承、水管理智能、水经济发展，推动政府作用与市场机制共同发力，实施多部门、多区域联动共建，提升河湖建设、管理和保护水平，让人们共享建管成果，让河湖成为经济社会发展的引擎。

5. 数字赋能，坚持改革创新

以"感""传""知""用"为框架，充分利用5G、物联网、AI等数字技术，再造、重塑数字化改革促进管理流程和制度，进一步优化河湖大数据平台，推进河湖智慧管理系统优化和迭代升级，提高河湖建管智能化决策水平。

## 4.2 建设内容与总体思路

### 4.2.1 建设内容

根据幸福河湖建设内在要求，结合本地实际，依据建设目标，遵循基本原则，从河湖水安全、河湖水资源、河湖水环境、河湖水生态、河湖水文化、河湖水管理、河湖水经济等方面建设幸福河湖。幸福河湖建设主要包括以下内容。

1. 河湖水安全

河湖水安全建设主要包括堤（坝）岸安全建设、河湖行排蓄能力建设、水工建筑物安全建设三方面内容。通过完善防洪排涝工程体系，提高行洪、排涝、蓄水、调水能力，保障河湖安澜，建设幸福河湖安全防线。建设实践中，可围绕"流域区域协同发展、跨区划水系大联通"的基本思路，巩固流域防洪防潮堤防加固工程建设，显著提高河湖堤防达标率；加强区域骨干河道治理，实施中小河流综合治理，完善城乡水系连通体系；推进病险库坝、水闸除险加固；加快大中型灌区改造、节水灌溉等农村水利工程建设。

2. 河湖水资源

河湖水资源建设主要包括水资源配置与调控体系建设、水资源供给能力建设等两方面内容。通过严格水资源管理、优化水资源配置，提升幸福河湖供水保障，支撑社会经济高质量发展。根据国家水网建设总体要求，健全区域水网工程布局，加强应急水源建设，优化水资源配置，提升科学调度能力，更加注重河湖生态需水保障和提升经济社会高质量发展水源保障能力，显著提高饮用水水源地达标建设率、生活用水供水保证率和骨干河道湖库生态水位保障率。

3. 河湖水环境

河湖水环境建设主要包括河湖水环境整治、河湖汇水区水污染治理等两方面内容。通过河湖内、汇水范围内污染的系统治理，全面改善河湖水质，提升水环境质量，打造幸福河湖宜居环境。紧紧围绕水环境质量改善核心目标，深入打好污染防治攻坚战，坚持全流域、全区域、全要素治理，系统开展流域生态环境修复和保护，加快解决生态环境突出问题，巩固区域水环境治理成果；加强城镇生活污染治理，全面落实城镇生活污水处理提质增效，杜绝城乡黑臭水体治理；强化农业面源污染防治，全面推进规模化畜禽养殖场粪污综合利用和污染治理、水产生态健康养殖；加强港口码头污染治理，增强港口码头污染防治能力；加强城镇滨水绿地建设，提高水环境容量，美化水景观；加强水土保持工程建设和植被恢复建设，推进生态清洁型小流域治理；完善城乡生活垃

61

## 第4章 幸福河湖建设思路与方法体系

圾基础设施建设,推动城市环卫服务向农村延伸,推进城乡垃圾一体化建设,完善再生资源回收利用体系,推动生活垃圾减量化、无害化。

4. 河湖水生态

河湖水生态建设主要包括水域生态建设、岸带生态建设等两方面内容。通过河湖生态保护与受损生态修复,维护河湖自然生态系统健康,夯实幸福河湖生态基础。围绕国家生态文明建设示范区创建,扎实开展河湖生态修复,切实加强河湖生态的整体性保护、系统性治理。在合理实施水系连通、清淤疏浚的基础上,采用自然与人工相结合的方式,充分发挥自然系统修复作用,加快滨河滨湖生态湿地建设,注重城市生态保护圈、河湖风光带、生态廊道建设;通过开展河道驳岸生态化改造、暗涵整治、水位控制,以及生物控制、水土流失治理等措施,推进生态脆弱河湖和地区的水生态修复;大力实施农村河道塘坝生态治理,推进小微湿地修复与保护,提升农业水生态服务功能。

5. 河湖水文化

河湖水文化建设主要包括河湖文化保护与传承、河湖文化景观设施建设等两方面内容。通过聚力打造河湖景观和凝练传承历史文化,展现幸福河湖文化内涵,提升河湖文明品质。充分挖掘河湖水网的文化内涵、时代价值,保护好、传承好、弘扬好新时代水利精神,延续历史文脉,讲好历史和当代治水故事;依托当地重要河湖水利节点工程和场景,大力推进水情教育基地、节水科普基地、河长制主题公园、水利风景区等水文化载体,丰富水文化展示方式;加强与媒体联系合作,积极展示幸福河湖创建成果,创建爱水、护水、节水等公益品牌,扩大幸福河湖知名度和影响力。

6. 河湖水管理

河湖水管理建设主要包括管理机制、管理能力、常态管理等三方面内容。通过发挥河湖长制统领作用,加快健全智慧高效管护机制等,全面提升河湖管理水平。依托5G、物联网、AI等现代数字技术,建设河湖水库大数据平台,开发水文、水质、水土保持现状在线监测与预测预警模块,实现工程监管、河湖管理、水量调度、生态保护等智能化管理;推进跨部门多场景系统集成应用,实现各级各行业部门之间的数据共享、"数治"联动;以数字化场景、智慧化模拟、精准化决策为路径,加快推进河湖数字孪生流域建设;大力实施乡村振兴战略,加快大中型灌区现代化改造,推广生态灌区、智慧灌区,保障农业稳产增产,支撑高质量发展、可持续发展。

7. 河湖水经济

河湖水经济建设主要包括产业结构调整、生产工艺改进、生活方式优化等三方面内容,产业结构调整重点考虑河流沿线或流域内的绿色低碳产业、特色农业产业和文旅融合产业发展等使幸福河湖成为城乡融合、富民共享的重要载体，在助力乡村振兴和区域共同富裕中发挥重要服务功能。持续开展节水型社会建设，提升节水载体覆盖率和建成率，提高水在经济社会发展中的附加值；以国家"双碳"战略为契机，科学、合理发展低碳工业、绿色能源等，打造滨水绿色低碳产业带；在保障粮食安全生产基础上，进一步做强区域特色农产品优势，积极培育规模化、产业化农产品生产基地，打造绿色有机品牌，提升品牌影响力；加快促进农文旅融合，发展农业生态旅游，全面助力绿色农业产业发展；推广河湖生态旅游，探索"河湖＋文旅"模式，将河湖水利工程与生态、景观、休闲、文化等深度融合，与美丽宜居城市、美丽田园乡村等有机结合，促进区域幸福河湖资源转化为社会经济发展优势，助力区域乡村振兴和共同富裕。

**4.2.2 总体思路**

建设幸福河湖是建设富裕中国、美丽中国、和谐社会的需要，也是建设睦邻友好国际关系的需要。幸福河湖是健康河湖、美丽河湖的升级版，是对河湖治理与保护提出的更高层次要求，更加注重以人为本、空间均衡、系统治理与功能综合。幸福河湖建设的总体思路如下（图4.1）。

（1）现状分析与定量评估。幸福河湖建设首先需要了解掌握河湖现状。通过座谈、咨询、走访、现场察看等定性掌握河流现实需求和状况；通过收集整理资料，归纳掌握河湖自然社会条件、水系特点、人文禀赋特色、治理发展阶段、建管现状、经济社会发展需求等。应用幸福河湖评价体系，计算河湖幸福指数，定量评判河湖现状幸福程度和等级，分析掌握现实问题和瓶颈。

（2）需求分析。结合国家战略和区域发展趋势，并参考相关文献资料，总结幸福河湖创建面临的优势、特色及面对的困难、挑战，完善与深化幸福河湖的内涵与要求，分析掌握幸福河湖建设的理论需求和实践需求。

（3）编制建设规划和方案。科学编制幸福河湖创建规划方案和行动计划，明确幸福河湖建设目标和要求、总体布局和区划、建设内容和任务、建设项目和投资、实施方案和步骤、保障措施等。

（4）实施建设。根据建设规划和方案，按照幸福河湖的内涵要求，从工程、制度、机制等方面全方位组织实施幸福河湖建设，实施过程中，需制定详细的实施方案、计划进度、保障措施，尤其是应注重尽可能减少实施过程对区域生态的负面影响，确保安全措施到位，建立健全建设质量的保障体系。

（5）成效评估。幸福河湖建设工程完成后，应运用幸福河湖评价体系，评估幸福河湖建设成效，反馈问题，及时修正，总结建设经验，凝练建设成果，完善建管体系，确保河湖幸福程度的可持续性，切实为区域经济社会发展提供基础支撑。

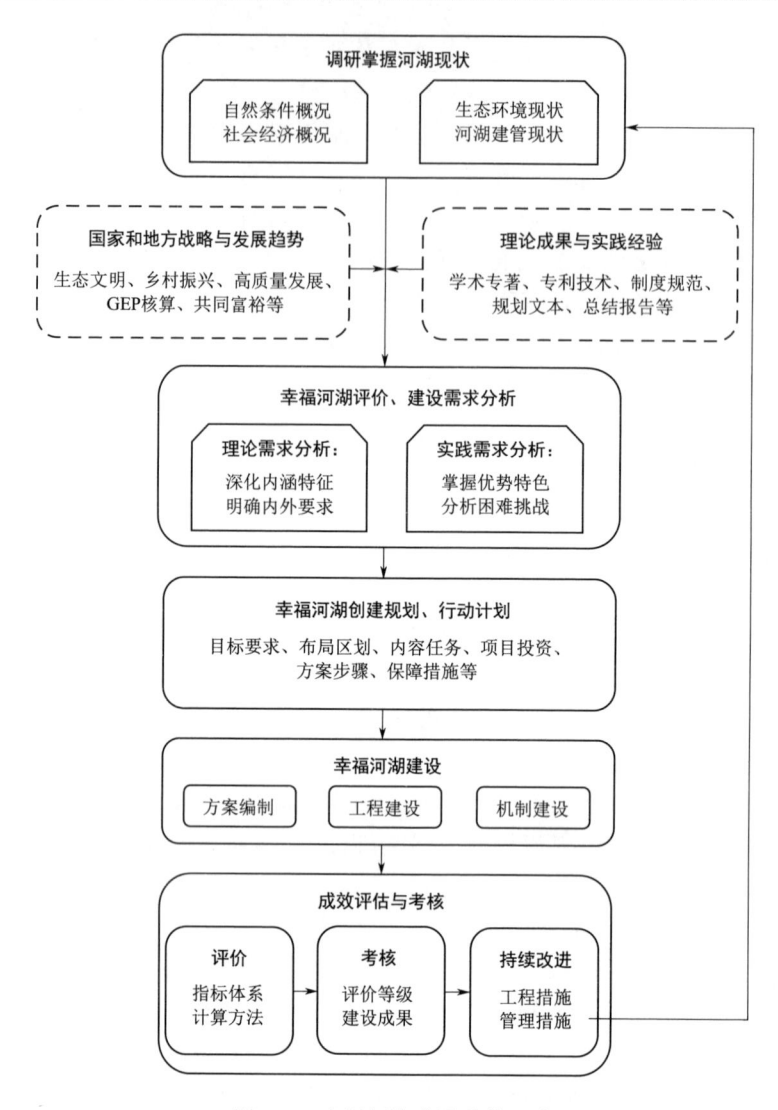

图 4.1　幸福河湖建设总体思路

## 4.3　建设的总体策略与方法体系

### 4.3.1　总体策略

1. 基于辩证思维的幸福河湖实现路径策略

河湖是经济社会和自然生态的重要载体，其幸福程度决定着人民的幸福程度。实现幸福河湖是河湖治理、管理的重要目标，也是实现人民幸福的重要基础。幸福河湖涉及自然生态、经济社会多要素，短期、中期、长期的多时间尺度，局部范围和整体区域的多空间尺度。要辩证地处理好局部和全局、当前和长远、重点和非重点的关系，以水为主线，以流域为单元，统筹山水林田湖草沙，在权衡利弊中趋利避害、做出最为有利的战略抉择。幸福河湖建设必须清醒认识社会矛盾和治水矛盾的深刻变化，正确处理人和自然的辩证关系，把重点从改造自然、征服自然转移到调整人的行为、纠正人的错误行为上来。

**2. 基于生态保护的幸福河湖绿色引领策略**

建设幸福河湖，必须尊重自然规律、生态规律和经济发展规律，正确处理人与自然、水与经济的关系，将生态文明理念、绿色发展要求、系统治理思路融入幸福河湖创建的全过程，高质量地推动幸福河湖建设。

遵循自然、生态规律，通过加强江河湖库系统治理和保护修复，严守水资源、水环境、水生态红线，注重自然资源、水资源、生物资源的科学保护，在水要素上落实主体功能区制度和生态空间用途管制，将水生态空间管控要求体现到城镇发展总体规划中，严守水生态保护红线，采取涵养水源、保持水土、保护水生生物多样性等多种措施，尤其需强调珍稀物种的保护，提高生物多样性，更加注重水资源保护，重视节水、护水、管水。把幸福河湖建设放在国家战略大势中去共发展，将其与乡村振兴战略、生态文明体制改革等相结合，提高水资源可持续利用的保障能力，不断提高水生态系统服务能力，实现河湖保护与绿色发展、社会进步、群众愿景有机融合，实现生态、生活、生产的有机协调，从而推动生态文明建设。

**3. 基于多元服务的幸福河湖共建共享策略**

幸福河湖产品需具有完善的供给结构体系，才能将建设成果不断地服务于人民。幸福河湖建设成果是多元的，其功能服务也是多元的。通过政府、人民、团体等多元主体良性互动，实现政府主导的多元主体共同治理。通过共建共享，让多元的产品、多元功能能够真正服务于民。通过政府购买服务、健全激励补偿机制等，为市场主体和社会力量发挥作用，创造更多机会，增强人民参与建设的能力和活力，实现幸福河湖共建。充分发挥各级政府的领导作用，促进人民在幸福河湖的建设过程中实现自我管理、自我服务、自我教育、自我监督，形成人人参与、人人尽责的局面，实现幸福河湖共治。通过完善公共服务制度、民生保障机制等，让人民享受幸福河湖带来的获得感、幸福感和安全感，实现幸福河湖共享。

**4. 基于可持续性的幸福河湖高效管理策略**

幸福河湖建设需面向未来，考虑未来的发展动态和要求，针对未来特点，确定幸福河湖高效管理的措施和方法，实现幸福河湖的可持续性。①加强监管。尤其是需将河湖重要断面、重点取水口、地下水超采区作为主要监控对象，通过水资源监测体系建设，实现从水源地到水龙头的全过程监管。②加强物权监管。要明确江河流域水量分配指标、地下水水位和水量双控指标等，把可用水量逐级分解到不同行政区域，明晰流域区域用水权益。完善水市场制度并发挥好水权交易所的功能，使水的利用从低效益的经济领域转向高效益的经济领域，提高水的利用效率，实现保值增值。在做好当前状态监管工作的基础上，更需要考虑经济社会发展动态，根据河湖发展趋势，制定幸福河湖预测预警体系，提高未来风险的应对能力，尤其是需要提高对极端气候或人为干扰的预测预警和应对能力。

### 4.3.2 方法体系

目前，建设高品质幸福河湖已成为各地各级政府"十四五"期间的重要任务之一，也是区域水利高质量发展的重要举措与标志性成果。各地在开展幸福河湖建设时，可在建设策略的导引下，按照一定的思路方法，确定具体的建设措施。总体而言，具体方法体系要紧紧围绕国家战略部署和本地发展需求，制定具体的目标体系、工作体系、工程体系、政策体系和评估体系，形成切合河湖特点、可操作性强的、适应本地发展需要的幸福河湖建设的方法体系，让河湖真正成为区域经济社会发展的核心竞争力，并为当地物质文明、精神文明和生态文明建设提供坚实的支撑。

1. 制定目标体系，引领幸福河湖建设有的放矢融合发展

按照规划先行的要求抓好高质量发展顶层设计，坚持水岸同治、功能融合、部门协同，高质量编制区域幸福河湖建设规划、幸福河湖建设实施方案。坚持问题、需求和发展导向，按照"一河一策，一湖一策"原则，精心设计功能布局和建设方案，科学确定总体目标、专项目标、短期目标、中期目标、长期目标、局部目标、区域整体目标等，形成幸福河湖建设的目标体系，引领幸福建设，使幸福河湖建设能够有的放矢，与本地高质量发展有机融合。

2. 完善工作体系，促进幸福河湖建设多元协同统筹推进

幸福河湖建设需要有一套完整的工作体系，才能使幸福河湖建设工作有序推进，真正实现幸福河湖建设的各项目标。幸福河湖建设工作体系是在现有工作基础上，进一步完善幸福河湖建设的负责机构、监管人员、运行制度、工作方式等，形成职责更明确、分工更明确、目标更明确的高效的运行体制，有效促进幸福河湖建设多元协同统筹推进。在机构方面，可由当地河长制办公室牵头，协同水利、生态环境、自然资源、农业农村等相关部门以及河湖沿线涉及的地方政府。在监管人员方面，可由河长总负责，具体监管人员不仅包括水利、生态环境、自然资源、农业农村、地方政府的业务和管理人员，以及设计、监理人员，同时还需包括河湖沿线的居民以及媒体人员等，以继续深化河湖长制为抓手，夯实河湖长责任和部门责任，创新履职方式和工作方法。在制度方面，需要进一步强化河湖水域岸线管控，完善河湖水域常态化监管、河湖健康评价、

涉河项目批后监管等制度，深入推进河湖长制从有名到有能有实有效，形成公众参与的工作运行机制，进一步发挥河湖长制与公众护水在河湖治理保护中的重要性。在工作方式方法上，深化河湖库保护数字化建设，全面构建导向清晰、法治健全、决策科学、高效协同、监督严格、落实有力、多元参与的幸福河湖建设与保护体系。

3. 构建工程体系，保证幸福河湖建设科学高效质优量足

工程是幸福河湖建设的最直接对象，也是体现幸福河湖的最直接载体，更是幸福河湖服务于经济社会发展和人民生活幸福的最直接媒介。幸福河湖建设工程不是单一个别工程，而是由多区域、多类、多个工程共同构成的工程体系。幸福河湖建设中需要根据区域发展要求，从幸福河湖的特征和要求出发，从全河段、全流域（区域）系统谋划，以点带面，整体推进，构建幸福河湖建设工程体系。工程体系的落地要以各类工程项目建设为突破口。按照幸福河湖的特征，工程体系主要包括安全工程体系、资源优化配置工程体系、健康生态保护与修复工程体系、环境美化与宜居工程体系、管理智慧工程体系等。安全工程体系需防洪与抗旱相结合，提升工程安全等级，保障持久水安全。资源优化配置工程体系重点将优质水资源作为最大的刚性约束，以水定城、以水定地、以水定人、以水定产，建设"多源保障、丰枯互济、调配自如"的供水网络，保障优质水资源供给。健康生态保护与修复工程体系主要从流域或区域角度，立足生态保护，防控污染来源，提升水体自净能力，形成多层次、全方位的生态体系。环境美化与宜居工程体系以区域主干河道、重要湖库为载体，立足于本地环境美化，营造宜居环境，构建水美城镇、水美乡村创建工程体系。文化保护与修复工程体系从保护水利遗产，繁荣先进水文明出发，立足于文化传承，挖掘文化载体，创新传承模式，实现传统文化与现代文明的有机融合。管理智慧工程体系要按照"需求牵引、应用至上、数字赋能、提升能力"的要求，立足于本底数据获取，开发会思考的智慧模块，建立多模块耦合的数字体系，创新智慧水管理模式，实现从"人治"到"数治"。

4. 夯实政策体系，保障幸福河湖建设制度完备机制先进

幸福河湖建设还需要有通畅的政策体系做保障，从人力、物力、财力等方面保障建设工作的顺利实施。从现有河湖治理、管理工作实践来看，由于受到多种因素的制约，资金和土地是实际工作中较难得到保障的两方面。因此，为了确保幸福河湖建设的顺利实施，需要根据现有政策，创新政策，发展政策，形成一系列可操作、可落地的政策，形成幸福河湖建设的政策体系，尤其是需要借鉴、探索制定资金和土地方面的政策。在土地政策方面，依靠改革创新来突破层层壁垒，以乡村振兴、全域土地综合整治、国土空间规划编制等为契机，盘活土地资源，把幸福河湖建设与滨水地区生态保护、产业发展、环境提升、

城乡有机更新等结合起来,最大程度整合各类资源要素,建立通畅的幸福河湖建设中的土地空间使用政策,保障幸福河湖建设项目顺利实施。在资金政策方面,可以借鉴学习其他行业、其他部门的运作方式,因地制宜,激活资本市场,用活财政资金,保障幸福河湖建设的资金来源和安全使用,发挥建设资金的最大效益。

5. 建立评估体系,引导幸福河湖建设持续改进不断升级

工程实施不是幸福河湖建设的终点,建设成效的可持续才是幸福河湖建设的终点。可应用幸福河湖评价体系,定量计算建设后的河湖幸福程度,确定幸福等级,评估建设成效,发现建设中存在的问题,进一步提出建管建议,建立幸福河湖建设持续改进制度,及时总结建设成效、发现建管过程中存在的问题,并提出相应的优化提升策略,引导幸福河湖建设持续改进不断升级。

## 4.4 典型区域幸福河湖建设的探索与创新

### 4.4.1 浙江省幸福河湖建设的探索与创新

2019年以来,浙江省以"八八战略"为引领,持续推进河湖治理工作。在"两山"理念的指引下,从"万里清水河道"到"美丽河湖",从"五水共治"到河湖长制,不断通过河湖治理实践满足人民群众对美好生活的多元需求。全省基本形成"一村一溪一风景、一镇一河一风情、一城一江一风光"的水美格局。2021年6月,浙江省水利厅发布《浙江高质量发展建设共同富裕示范区水利行动计划(2021—2025年)》,明确提出要把创建全域幸福河湖作为水利推动共同富裕示范区建设的重要抓手,让幸福河湖成为促进共同富裕的重要载体,成为全面打造社会主义制度"重要窗口"的重要体现。2023年7月,浙江省印发了《浙江省全域建设幸福河湖行动计划(2023—2027年)》。

#### 4.4.1.1 建设布局的探索

幸福河湖是美丽河湖的升级版,对浙江省河湖治理提出了更高层次的要求。紧密依托钱塘江、瓯江、甬江、椒江、苕溪、运河、飞云江、鳌江等八大水系基础网格,在浙北江南诗画江南水乡、浙西南秀丽河川公园、浙东滨海魅力水城、浙中锦绣生态廊道、海岛风情花园特色美丽河湖的格局下,依据地形地貌条件、水系特点和发展特色,从点线面水系形态出发迭代升级构建"幸福主脉八带引领、幸福支脉百廊延伸、幸福硕果千明珠满枝、幸福万村万里道相连"树形结构骨架为支撑的幸福河湖网格局,构建"百江幸福、千河美丽、千珠璀璨、万村亲水"四个江河湖泊幸福形态的高品质幸福河湖"水脉"树状网络格局(胡仕源等,2022)。

#### 4.4.1.2 建设思路的探索

浙江省多个学者和部门对幸福河湖建设开展了研究探讨，提出了多种建设思路。例如，张民强等（2021）提出浙江省幸福河湖建设总体思路：一是坚持"一条主线"，即以"美丽河湖+"为建设主线，推进美丽河湖迭代升级。二是突出"两大目标"，即以江河流域高质量发展与民生福祉提升为主要目标。三是实现"三大愿景"，即按照浙江省平原区、丘陵区、山区特点，分别实现现代版的"清明上河图""富春山居图""山水清音图"等"三大"河湖幸福愿景。四是建设河湖幸福水岸"四线"，即打造主要江河富民惠民水岸康庄大道，建设八大流域干流幸福水岸"新干线"；打造江南水乡幸福新高地，建设五大平原幸福水网"经纬线"；打造示范引领的水岸绿色发展带，建设全省百条县域母亲河幸福水岸"引航线"；打造特色鲜明、各美其美的水岸乡村振兴轴，建设千条特色河流幸福水岸"助力线"。五是展现河湖"五美"，即实现河湖安全保障美、生态和谐美、景观人文美、绿色发展美、幸福生活美。六是提升河湖幸福"六感"，即在美丽河湖建设的基础上，进一步提升人民群众在河湖上的安全感、美好感、生机感、归属感、获得感与和谐感。七是做好"七项统筹"，即贯彻新发展理念，统筹推进河湖系统治理，强化河湖治理与区域、行业建设的有机融合，统筹江河流域防汛抗旱能力提升、水资源集约利用、生态治理保护、人居环境改善、河湖生态价值转化、文化保护传承、高效智慧管护等7方面工作。八是打造幸福河湖"八大"标配，即打造一个安全流畅的防洪排涝体系、一个健康永续的水生态体系、一道串珠成链的河湖美丽风景线、一张贯通城乡的滨水绿道网、一批温情便民的文化特色驿站（场馆）、一批辐射镇村的亲水活动圈、一张数字智慧的河湖管护网、一条绿色低碳的滨水发展带等8项幸福河湖标志性配置成果（张民强等，2021）。

再如，胡仕源等（2022）提出的浙江省幸福河湖建设思路包括以下5个方面：

（1）以八大江河干流为"幸福主干"打造八大流域幸福河湖新干线。一是以干流防洪能力提升、大都市区魅力江岸打造、江河岸线开发利用管理、水环境综合治理、水生态系统保护与修复、内河航运复兴绿色发展等为重点，着眼于保障江河长治久安，深入推进八大流域主要干流和县（市、区）母亲河治理，推进河口湾区海塘安澜工程建设及滩涂湿地生态保护与治理等，打造风景宜人的大湾区。二是以县域内河流全流域为整体建设单元，积极融入长三角一体化发展、四大都市区建设，提升大江大河生态空间、水陆廊道等环境，引领地区发展；结合"一带一路"倡议、"长江经济带"等，使文化沿江而兴、母亲河风光再现，主要干流沿线城镇充分结合水上经济走廊建设，大力培育生态旅游、现代服务产业等新兴产业。

（2）围绕推动全域美丽河湖向幸福河湖迭代升级开展中小河流综合治理。以四条诗路文化带建设为重要发力点，叩响浙江诗画山水品牌，构建山水文化之"链"，在"幸福八带"重要支流中打造100条特色鲜明的河流廊道，覆盖全省所有县市区的重点区块，形成多功能高度融合的城镇发展空间，不断提升城镇的防灾减灾能力，改善人居环境质量，推动社会治理水平全方位提高。

（3）以维持生态健康为主要目标建设幸福河湖。一是筑牢河湖水系防洪安全保障体系，全面开展河湖防洪形势分析，补齐防洪薄弱短板，建立和完善河湖流域防洪安全保障体系；二是优化河湖水域岸线空间利用，有效保护水域岸线生态环境；三是实施河湖水系生态建设与修复，实现河湖水系互通互联，持续改善水环境，构建健康的河湖生态系统；四是纵深推进水文化传承及创新，将"诗画浙江"的省域品牌和建设共同富裕示范区的历史使命相结合，彰显浙江文化之魂。

（4）以美丽河湖建设提质增效为目标开展水利风景区幸福河湖建设。整合地区全域旅游资源、推动景区精品化建设，打造景区亮点游线，形成水利旅游融合发展特色，并植入多元文化活动，激发河湖沿线城市活力，人文魅力，加强水利风景区建设与乡村振兴、水美城镇等战略部署的有机融合，为地区经济社会高质量发展源源不断地注入新鲜的水脉。

（5）以充分发挥农村水系休闲、社会、文化等多重综合服务功能开展农村幸福河湖建设，使其成为连接城乡环境的重要纽带，同时为保护当地历史文化资源发挥积极作用，实现万村亲水的幸福形态（胡仕源等，2022）。

#### 4.4.1.3 建设实践的探索

浙江省水利厅主要负责人领衔调研，完成幸福河湖建设政策研究，同步推进多层次的试点工作。高质量完成国家幸福河湖建设，并开展省级幸福河湖试点。以首批幸福河湖建设项目灵山港为载体，探索形成以水为基带农促富、以水为媒生态共富、以水为脉兴旅致富三条共富路径。省水利厅联合省财政厅高标准推进幸福河湖试点县建设，出台建设标准、评估办法和考核激励机制，将幸福河湖建设纳入市政府督查激励事项，试点县建设期为两年。全省各地积极开展各具特色的幸福河湖创建行动。

1. 杭州市幸福河湖建设实践

杭州市以河湖长制为抓手，以建德市、临安区幸福河湖省级试点县为示范，开展"一轴双带十湖千溪"幸福河湖建设。主要做法为：

（1）顶层设计立标准。印发《杭州市中小河流治理"十四五"规划》，明确幸福河网总体格局框架，打造高品质幸福河湖体系；发布杭州市地方标准《幸福河湖评价规范》（DB 3301/T 0340—2021），为高质量打造全域幸福河湖提供科学指引和标准支撑。

（2）纵向协同破难题。聚焦"四乱"源头、难点，通过自查自纠、部门联动、监督回访，结合杭州亚运会河湖环境保障整治和长江经济带生态环境问题，开展"举一反三"和"找短板、寻盲区、查漏洞、挖死角"两项专项行动，截断"四乱"问题滋生路径，破解"四乱"难题。

（3）全域集美添福祉。推进水系连通、水利工程与景观建设同步提升；将幸福河湖与美丽乡村、美丽田园连点成线，点亮夜间经济，串联民宿经济，激活乡村经济；结合亚运空间，利用沿河现有硬质场地和草坪空间，因地制宜布置运动、休闲、体验等多种类型的活动场地。

（4）重塑流程创集成。建立幸福河湖平台，集成"一张图、创建管理、运行管理、公众服务端"等场景应用，实现了幸福河湖、15分钟亲水圈、文博场馆等河湖空间"一键可达"；幸福河湖地图上线杭州林水微信公众号，为广大市民足不出户、全方位了解幸福河湖及周边水文化、休闲等提供了一站式服务。

2. 温州市幸福河湖建设实践

温州市以珊溪-赵山渡水库饮用水水源地为重点，积极开展珊溪幸福水源创建的探索与实践。温州市紧密结合温州市"温州水网"建设与长三角一体化发展战略，统筹推进流域、区域、行业共建共治共享共管，以工程建设、强化管理为抓手，建成珊溪水源蓄水供水的"安全工程"，以提质增量、科学调度为举措，健全珊溪水源资源保障的"优质供水"，以综合整治、源头治理为手段，夯实珊溪水源健康稳定的"生态屏障"，以人水和谐、水美乡村为特色，建设珊溪水源整洁安居的"优美环境"，以数字赋能、制度重塑为重心，升级珊溪水源高效有序的"智管平台"，以内涵挖掘、继承创新为任务，弘扬珊溪水源古今汇通的"文明底蕴"，以城乡融合、富民共享为目标，建立珊溪水源独树一帜的"绿色经济"（陈敬润等，2022）。

珊溪幸福水源从"工程保安，旱涝无虞"的持久水安全，"质优量足，时空互济"的优质水资源，"固土净水，生态屏障"的健康水生态，"青山秀水，幸福安居"的优美水环境，"数字水网，高效善治"的智慧水管理，"古今汇通，传承创新"的先进水文化和"城乡融合，富民共享"的绿色水经济等7个方面开展创建。经过5年建设，珊溪水源整体保护与发展水平显著提升，供水韧性和管理数字化水平迈向新台阶，人水和谐、绿色发展的理念深入人心，共同绘就"安全、生态、宜居、富民"珊溪幸福水源新画卷，人民群众的安全感、获得感和幸福感显著增强，建成"幸福温州"和"重要窗口"标志性成果。

3. 衢州市幸福河湖建设实践

衢州市以入选水利部首批7个幸福河湖建设项目之一的灵山港为中心，开展幸福河湖创建。编制了《浙江省灵山港幸福河湖建设实施方案》按照"灵动灵山港"的理念，以"安全保障、生态健康、和谐宜居、文化彰显"的建设目标，实施堤内外、上下游、干支流、左右岸全面综合治理，促进流域发展，塑造多元融合、活力灵动、生物多样、数字赋能的灵山港。

（1）推进河湖系统治理。以灵山港为重点开展浙江省水利科技重点项目《中小河流滩地时空演化机理及生态修复技术课题研究》，以"红灰黑"三色管理为抓手，创新巡河工作制度；结合浙江省美丽河湖、幸福河湖建设要求，开展河湖空间带修复、生态廊道建设等一系列治理与探索；完善灵山港"一河一策"，开展灵山港健康评价，建立健全河湖健康档案，夯实河湖保护治理管理基础。

（2）提升河湖管护能力。根据灵山港的自然禀赋和人文条件，提出构建"一链、双芯、多栖区"的幸福河总布局；将积极探索河湖建设管理与信息技术的深度融合，打造以"沐尘之芯"和"世遗之芯"为重点的数字孪生工程；建立"部门协同、智慧监管、公众参与"三位一体河湖管理新模式，提升灵山港流域管理现代化水平。

（3）助力流域经济发展。依托已建灵山港休闲运动风景线，利用滨水空间合理地开拓发展江心疗养、绿洲野营、水利工程游览、等多层次和综合性的水旅融合业态，将美丽河湖与美丽乡村、美丽田园连点成线；充分发挥灵山港水网生态优势，激活滨水产业绿色发展新动力，培育、建设体现县域特色的水生态产品；融合未来乡村，沿江诗画风光带，县域风貌整治提升等资源，推进全域旅游发展，助推乡村振兴，为实现高质量发展建设四省边际共同富裕示范区增添亮色。

**4.4.2　江苏省幸福河湖探索与创新**

江苏跨江滨海，湖泊众多，水网密布，有乡级以上河道 2 万余条、县级河道 2000 多条，面积 $50km^2$ 以上的湖泊 12 个，水域面积占国土面积的 16.9%。全省列入《江苏省骨干河道名录》的重要县域以上河道 727 条，列入《江苏省河湖保护名录》的河湖 137 个。丰沛的江河湖泊资源和多样的水生态环境是江苏的特色和优势，保护好、利用好这些河湖资源，事关江苏经济社会健康可持续发展和人民福祉。近年来，江苏省以"争当表率、争做示范、走在前列"的使命担当，将河湖长制工作目标锁定为建设幸福河湖，全力推动幸福河湖建设。2021 年 8 月，以发布总河长令的形式，明确了全域幸福河湖建设的总体定位和建设方向；江苏省河长制工作领导小组印发了《关于推进全省幸福河湖建设的指导意见》（苏河长〔2021〕1 号）。明确了部门责任和实施路径。颁布幸福河湖评价办法和评价标准，规范了工作流程和技术指标。全省各设区市均制定出台了幸福河湖建设规划和实施方案。

1. 总体目标

突出河湖系统治理和生态复苏，力争通过 5~10 年的努力，建设与全省基本现代化进程相适应的河湖水网体系、河湖基础设施体系、水资源节约集约利用体系、水生态环境治理保护体系和河湖管理服务体系。到2025年,全省城市建成区河湖基本坚持幸福河湖;到2030年,列入《江苏省骨干河道名录》的河道和列入《江苏省湖泊保护名录》的湖泊基本坚持幸福河湖;同步推进基础条件较好的农村河道开展幸福河湖建设;到2035年,全省河湖总体坚持"河安湖晏、水清岸绿、鱼翔浅底、文昌人和"的幸福河湖,为"美丽江苏"建设增魅力、为"强富美高"新江苏建设添活力。

2. 主要任务

(1) 确保河湖防洪安全。按照两年应急修复、五年消除隐患、十年总体达标的目标要求,着力构建标准较高、协调配套的防洪减灾工程体系。巩固提升流域防洪标准,推进淮河入海水道二期、吴淞江整治、长江堤防防洪能力提升等重大工程建设;加强区域骨干河道治理,实施江河支流与中小河流治理、河道堤防与病险工程加固;加快城乡防洪治涝建设和水系综合治理,不断完善流域与区域、城市与农村相协调的防洪减灾工程体系。强化水旱灾害防御管理,完善灾害防御组织,提升监测预报预警水平增强水利工程调度管理能力,健全灾害预防与应急反应机制,保障灾害防御抢险救援需要。到2030年,河湖堤防防洪达标率达90%以上,水安全保障能力显著提升。

(2) 全力保障用水需求。坚持量水而行,以供定需,通过合理配置和科学调度,满足人民生活、经济发展用水需求。完善水资源调配网络,加强南水北调工程建设管理,保障国家战略目标实现;挖掘江水北调工程潜力,增强苏北地区供水保障能力;延展江水东引工程体系,推进临海引江工程建设,提高沿海地区供水保证率;提升引江济太工程能力和运行水平,优化太湖流域水资源配置,促进水生态改善;加强淮北丘陵山区、高亢地区水源工程建设,补齐供水设施短板。强化水源地保护,优化水源地布局,建立从水源到水龙头的供水安全保障体系;推进农村供水保障工程,巩固提升城乡一体的"同水源、同管网、同水质、同服务"供水格局。试点推进"安全直饮、稳定供应、口感良好、有益健康"的高品质供水体系建设。到2030年,生态流量满足度达到90%以上,生活、生产、生态用水需求高质量保障;重要水功能区达标率达到95%以上,集中式饮用水水源地水质达标率达到100%,做到一般干旱年全省生活、生产用水基本不受影响,特殊干旱年城乡居民饮用水和重点行业用水有保障。

(3) 构建优美河湖环境。强化水污染源头控制、过程截污和末端治理,同步推进以末端治理为主向以源头防治为主转变,持续提升污水收集和处理效能,持续减少入河入湖污染总量。优化空间布局,调高、调轻、调优、调强产业结构,大力开展工业、农业、生活、航运等各类污染源治理,减轻水环境压力;合理划定城乡生活、生产与生态空间,沟通淤堵断头河道,优化调整水系格局,加强城镇滨水绿地建设，提高水环境容量。强化治理保护，深化水生态文明城市建设，持续打造海绵城市，巩固黑臭水体整治成效；推进生态清洁型小流域治理，实施农村水环境综合整治，打造县域综合治水样板。到2030年，水生态环境质量明显改善，沿河沿湖各类污染源全面管控，城市水体透明度明显提高。

（4）加强河湖生态修复。切实加强河湖生态的整体性保护、系统性治理，探索河湖流域化管理模式，水陆兼治、流域同治。加强水域岸线管护，持续巩固岸线环境整治成果，建立健全水域岸线资源总量管控、节约集约利用和违规退出机制，优化生产、生活和生态岸线结构，打造临水、悦水、忆水宜居家园。开展太湖清淤固淤、堆泥成山试点，加快推进里下河湖区、洪泽湖、骆马湖、高邮湖等湖泊退圩还湖还湿和聚泥成岛，扩大湖泊生态空间。在合理实施水系连通、清淤疏浚的基础上，采用自然与人工相结合的方式，充分发挥自然系统修复作用，加快滨河滨湖生态湿地建设。通过开展河道驳岸生态化改造、暗涵整治、水位控制，以及生物控制、水土流失治理等措施，推进生态脆弱河湖和地区的水生态修复。到2030年，河湖水域和岸线功能分区管控全覆盖，生态岸线占比达到50%以上，水域面积稳中有升，水域功能有效发挥。以长江、大运河、太湖、洪泽湖为重点，河湖生态普遍复苏，形成空间融合、功能协调的健康生态体系。

（5）科学利用河湖资源。坚持在保护中发展，在发展中保护，构建与河湖资源相适应的经济结构、产业布局和生产方式。全面实施国家节水行动，推进节水型社会建设，加大水价水权改革力度，提高水资源节约集约利用水平，增加单位水资源的地区生产总值、工业增加值产出，促进产业转型升级，提高水在经济社会发展中的附加值。加快长江干线航道系统治理，不断改善运河和内河通航条件，发展江海联运和干支直达运输，建设绿色水运、生态航道的现代航运示范区。围绕实施乡村振兴战略，加强农业水利设施建设，接续实施大中型灌区续建配套和现代化改造，提高灌排工程的配套率和完好率，提升运行管理水平，保障农业稳产增产，支撑高质量发展、可持续发展。推广河湖生态旅游，探索"河湖+文旅+扶贫"模式，谋划"幸福河湖"建设的后半篇文章。

（6）大力传承河湖文化。保护好、传承好、弘扬好河湖文化，延续历史文脉，提高文化自信。系统调查水文化遗产、水系变迁和治理历史脉络，编制水文化建设规划，将水文化作为河湖治理、水利建设的重要内容，着力营造水岸共生、文景共荣的城市河湖，普遍呈现生态自然、留住乡愁记忆的农村河道，增强人民群众的获得感。依托水利枢纽和河湖水域，大力推进水情教育基地、节水科普基地、河长制主题公园、水利风景区、亲水乐水载体建设，丰富水文化展示方式。常态化开放水利水运工程非核心区域场所，建立水文化公共服务体系，开展寻找长江、运河记忆系列活动，增强全社会特别是青少年节水护水的思想意识和行动自觉。到 2030 年，水文化遗存有效保存率达到 100%，现代水文化形态不断呈现，水文化得到传承弘扬。

3. 建设实践

分级分类打造幸福河湖，骨干河道突出"河安湖晏"，城市河湖突出"水清岸绿"，农村河湖突出"鱼翔浅底"，跨界河湖突出"统一标准"，所有河湖都要求"文昌人和"。省财政专门设立每年 5000 万元的幸福河湖奖补资金，制定"建成一条，补助一条"的奖补政策，省水利厅与省发展改革委、省财政厅、省金融监管局、人民银行南京分行等单位联合设立幸福河湖建设基金，并支持地方申报幸福河湖专项债券。编制印发全省幸福河湖典型案例，总结推广好做法、好经验。把幸福河湖建设列为年度河湖长制督查考核的主要内容，强化过程跟踪、督查问效。

（1）鼓励激励。将幸福河湖建设作为全省高质量发展综合考核内容，对幸福河湖建设成效突出的部分设区市和县（市、区）进行专项激励，并给予资金支持。

（2）典型引领。江苏启动了新一轮以幸福河湖建设为主基调的《一河一策》编制，打造"一河、一城、一地"河湖长制工作样本，推广各地河湖长制工作先进经验和典型做法，示范带动幸福河湖建设。

（3）机制保障。河海大学与江苏省河长制工作办公室联合组建了江苏省河湖长制研究院，江苏省依托该研究院为幸福河湖建设提供智力支持；完善省级河长制信息系统，探索建立长江河长制可视化监控系统，为幸福河湖建设提供智慧保障；推进跨界河湖协同共治，推动全面建立"责任同担、方案同商、规则同守、行动同步、资源同享"的协作机制；推广"河长+"工作模式，指导各地建立"河湖长+检察长""河湖长+警长""河长制+流域长制""河湖长+断面长"等机制，不断增强幸福河湖建设动能。

（4）评价规范。江苏省制定了《江苏省幸福河湖评价办法（试行）》和《江苏省幸福河湖评分标准（试行）》，为幸福河湖建设提供精准检验标尺，规范全省幸福河湖评价工作。

近年来，江苏各地市相继出台有关政策，逐步推进区域幸福河湖建设工作。2021 年 8 月，宿迁市河长办编制印发了《宿迁市幸福河湖建设实施方案》，预计到 2032 年，宿迁河湖全域将建成幸福河湖，为"美丽宿迁"建设增魅力、为"江苏生态大公园"建设添活力。2021 年 10 月，盐城市出台了《关于推进幸福河湖建设的指导意见》，指出全市幸福河湖建设主要任务包括 6 个方面：①强化防洪保安，巩固幸福河湖安全防线；②优化水源配置，提升幸福河湖供水保障；③加强系统治理，打造幸福河湖宜居环境；④突出自然修复，夯实幸福河湖生态基础；⑤弘扬历史传承，展现幸福河湖文化内涵；⑥注重资源利用，丰富幸福河湖社会功能。预计到2025年，全市城市建成区河湖基本建成幸福河湖；到2035年，全市河湖总体建成"河安湖晏、水清岸绿、鱼翔浅底、文昌人和"的幸福河湖。2021年11月，南京市印发了《南京市幸福河湖评价规范》和《南京河湖建设技术指南》，明确幸福河湖既要具备自然流畅、水质优良、水清岸绿、生物多样、景观协调等"美丽可见"的外在感受，又要满足安全可靠、管理高效、人文彰显、惠民宜居等"幸福可感"的内在需求。2022年8月，常州市河长办印发《常州市幸福河湖管护样板评选办法》，计划每年在全市范围内评选10条幸福河湖作为管护样板，每条幸福河湖给予一次性奖补资金10万元。

### 4.4.3 江西省幸福河湖探索与创新

江西水系发达，河湖众多，拥有赣江、抚河、信江、饶河、修河五大河流和中国最大的淡水湖——鄱阳湖，长江跨境而过，"五河一湖一江"共同哺育着赣鄱人民。长期以来，省委、省政府高度重视河湖管理保护，将河湖管理保护作为国家生态文明试验区建设的重要组成部分，一体部署、高位推动。经过多年努力，河湖水环境质量明显提升，河湖面貌显著改善，宜居美丽乡村纷纷涌现，河湖生态效益、经济效益和社会效益不断提升。2021年12月，江西省委深改委第19次会议审议通过了《江西省关于强化河湖长制建设幸福河湖的指导意见》，并于2022年1月以省1号总河长令的形式印发，全面启动幸福河湖建设。明确从强化水安全保障、强化水岸线管控、强化水环境治理、强化水生态修复、强化水文化传承、强化可持续利用等六大途径开展幸福河湖建设。省河长办制定印发《江西省幸福河湖实施规划或实施方案编制大纲（试行）》，指导各地确定建设名录，编制实施规划或实施方案。全省共确定108条（段）河流开展幸福河湖建设，计划总投资约667亿元，基本覆盖所有市县。幸福河湖建设纳入江西省委重点改革任务和省政府领导重点调度工作。

#### 4.4.3.1 总体要求

进一步强化河湖长制，推进水生态文明建设，不断夯实河湖基础设施、提升河湖环境质量、修复河湖生态系统、传承河湖先进文化、转化河湖生态价值，努力建设"河湖安澜、生态健康、环境优美、文明彰显、人水和谐"的幸福河湖，实现可靠水安全、清洁水资源、健康水生态、宜居水环境、先进水文明，为高标准打造美丽中国的"江西样板"，书写全面建设社会主义现代化国家精彩的江西篇章提供支撑保障。

到2025年，长江、鄱阳湖和五河干流重点河段基本达到相应防洪标准，中小河流治理河段达到规划标准，城市防洪排涝能力与经济社会发展水平基本相适应；全省国考断面地表水水质优良比例达到95.5%，县级以上集中饮用水水源地水质优良比例达98%，全省监测断面消灭Ⅴ类及劣Ⅴ类水体；重要河湖水生态功能逐步恢复，重点河湖基本生态流量达标率达到90%以上，水土保持率提高到86％以上，森林覆盖率保持稳定；河湖岸线管控更加严格，城镇规划区河湖岸线廊道和亲水空间进一步美化通畅，农村河湖岸线基本维持自然状态；公众河湖保护意识有效增强，河湖文化传承进一步弘扬。在流域生态综合治理的基础上，流域面积50km²以上的河流中基本建成100条（段）幸福河。

到2035年，河湖安全保障体系全面建成，水资源优质可靠，水环境质量持续巩固，城乡水环境优良美丽，河湖水生态健康和谐，河湖保护管理更加有效，水生态文明理念进一步提升，流域生态效益、经济效益、社会效益进一步显现，"五河一湖一江"基本建成幸福河湖。

**4.4.3.2 建设任务**

（1）强化水安全保障。实施长江、鄱阳湖和五河尾闾地区堤防加固和升级提质，推进流域控制性枢纽工程和蓄滞洪区安全建设，加强中小河流、山洪沟、洪患村镇水系综合治理，加快推进全省病险水库除险加固，加强水库安全运行管理；加强城市和重点易涝区排涝能力建设，全面提升排涝能力和标准；结合美丽城镇建设，健全完善沿江滨湖城镇道路基础设施和绿色生态廊道，推进城镇近水亲水设施建设；加快补齐城镇污水收集和处理基础设施建设短板，提升污水收集处理能力。

（2）强化水岸线管控。结合"三线三区"划定，优化城镇建设规划，保护城市天际线和河湖蓝线；全面依法划定河湖管理范围，严格水域岸线分区管理和用途管制；强化涉河建设项目许可，加强事中事后监管；推进河湖"清四乱"、非法矮圩等专项整治常态化、规范化，全面改善河湖面貌；加强河湖采砂管理，科学编制采砂规划，严格现场监管，持续打击非法采砂行为；维护岸线生态功能，对人工岸线进行必要改造，因地制宜建设各具特色的岸线景观带，打造生态岸线、最美岸线。

（3）强化水环境治理。坚持综合治理、系统治理、源头治理，深入打好碧水保卫战，持续削减化学需氧量和氨氮等主要水污染物排放总量，实施鄱阳湖总磷控制；持续推进工业园区污水、入河排污口、城镇生活垃圾及生活污水、农业面源污染、船舶港口污染、水库水环境等专项整治；巩固设区市黑臭水体治理成果，积极推进县级城市建城区和农村黑臭水体治理，建立防治长效机制；加强农村生活垃圾和生活污水处理，深入开展农村"厕所革命"，持续改善农村人居环境。

（4）强化水生态修复。推进山水林田湖草沙一体化保护修复，加快赣抚尾闾工程综合治理，大力推进鄱阳湖水利枢纽等水生态修复工程建设；持续推进流域生态综合治理、水系连通及水美乡村建设；全面落实长江流域重点水域"十年禁渔"要求，加强水生生物资源养护，大力开展增殖渔业活动，探索实施"以鱼养水"等大水面渔业工程；强化水土流失预防保护，实施水土流失重点治理工程，切实加强重点流域森林资源保护，增强森林水源涵养功能；强化湿地资源用途管制，充分发挥自然系统修复作用，加快滨河滨湖生态湿地建设，着力维护湿地原生态。

（5）强化水文化传承。充分挖掘河湖治水文化和人文历史，加强古代水利工程和水文化遗址的保护与修复；依托水利工程和河湖水域，因地制宜开展水情教育基地、河湖长制主题公园、水利风景区等建设；大力推动流域自然资源、河湖文化与旅游相结合，打造"五河一湖一江"旅游精品线路，将幸福河湖建设成为传承地方风俗风情的载体、沿岸百姓精神文化的纽带；保护好、传承好、弘扬好河湖文化，创作一批反映河湖文化的文艺作品，延续历史文脉，增强水文化传播力、感染力和影响力。

（6）强化可持续利用。深入实施国家节水行动，研究建立水资源刚性约束制度，严格控制用水总量和强度；推进农业节水增效、工业节水减排、城镇节水降损，加强县域节水型社会达标建设；加快城市应急备用水源建设，推进县级及以上城市集中式饮用水水源地规范化建设，大力推进城乡供水一体化；强化主要河湖主要断面生态流量管控；探索水生态产品价值实现机制，完善市场化、多元化生态补偿机制，深化流域横向生态保护补偿；将幸福河湖建设与地方经济发展有机结合，加快推动水生态优势持续转化为经济优势，助推经济社会发展全面绿色转型。

#### 4.4.3.3　建设举措

江西省坚持用河湖长制平台推动幸福河湖建设，建立党政领导、河长牵头、属地负责、部门联动的工作机制，着力构建省统筹、市协调、县落实的幸福河湖建设责任体系。市县级总河湖长组织审定幸福河湖实施规划或实施方案，明确措施和分工，协调解决重大问题。其他河湖长把幸福河湖建设作为工作重点和巡查河湖的内容，推动幸福河湖建设任务的落实。将幸福河湖建设纳入河湖长制考核体系，发挥考核指挥棒作用。加强对幸福河湖建设工作的督导，推动监督检查和工作调度常态化。委托第三方机构开展幸福河湖评价指标体系研究。建立奖惩机制，省级财政拿出7800万元对20余条幸福河湖建设进行奖补。加大宣传力度，通过召开新闻发布会、组织主流媒体现场采访、投放地铁媒体公益广告等多种方式解读幸福河湖建设政策，宣传幸福河湖建设成效。强化示范引领，围绕河道综合整治、河湖空间带修复、生态廊道建设、建设数字孪生流域、水文化挖掘与保护以及提升流域生态产品价值等6项任务开展宜水幸福河湖试点建设，着力打造"宜居宜水、休闲宜水、绿色宜水、幸福宜水"。大力推进靖安县全域幸福河湖建设，推动"幸福河湖+全域旅游"融合发展；探索流域协作建设模式，以强化湘赣合作为切入点，推进萍乡市湘东区萍水河幸福河湖建设。

### 4.4.4 福建省莆田市幸福木兰溪探索与创新

木兰溪发源于戴云山脉，是福建省"五江一溪"之一、闽中最大河流，横贯莆田全境并独流入海，是莆田人民的母亲河。木兰溪虽以溪命名，却是一条桀骜不驯的河流。历史上，因受集水面积大、岸线弯曲、流程短、落差大、下游地势低洼、河口潮汐等影响，木兰溪洪灾、旱灾、潮灾频发。每逢汛期，农田房屋时常受淹，企业选址避之不及，群众流离失所甚至背井离乡……百姓安危受困于此，经济发展受限于此，城市兴盛受阻于此（林国富等，2022）。

#### 4.4.4.1 发展历程

1999年以来，莆田持续实施了流域防洪防潮排涝、安全生态水系建设、中小河流治理、节水型社会建设示范区及达标县、水生态文明建设试点城市、全域城乡供水一体化试点市、黑臭水体治理示范城市、农村生活污水治理试点市、水系连通及水美乡村建设试点县、综合治水试验县、东圳水库水环境综合治理、蓝色海湾整治、河湖"清四乱"、污水零直排区试点等一系列建管工程，彻底改变了福建全省设区市中唯一"洪水不设防城市"的历史，更实现了全流域安全生态、绿色发展、产城融合发展、人与自然和谐共生的目标，书写了美丽中国生态文明建设的生动样本。

2014年、2017年，莆田市相继出台《莆田市河长制实施方案》《莆田市全面推行河长制工作方案》；2021年5月，莆田市河长制办公室获评全国全面推行河长制湖长制工作先进集体。

2019年11月，木兰溪入选水利部首批示范河湖建设名单。

2020年3月，水利部高度肯定了莆田市委市政府坚持变害为利、造福人民的目标要求，一张蓝图绘到底，以木兰溪全流域系统治理为统揽，加快水利改革发展，打造了全国生态文明建设的木兰溪样本，为新时代治水提供了可资借鉴。

2020年12月，福建省委书记在莆田调研时强调，要深入学习贯彻习近平生态文明思想，牢记习近平总书记提出"变害为利、造福人民"的重要要求，坚持一张蓝图绘到底，让木兰溪成为造福当地人民的幸福河。

2021年1月，木兰溪流域东圳水库获评国家水情教育基地。

2021年3月，实施木兰溪综合治理被写入《中华人民共和国国民经济和社会发展第十四个五年规划和2035年远景目标纲要》。

#### 4.4.4.2 建设举措

莆田市坚持问题导向、目标引领、水岸同治、项目带动，以实施河湖长制的规范化、常态化、清单化、数字化、示范化、现代化的"六化"为抓手，打造木兰溪示范河湖、幸福河湖，并以示范河湖木兰溪综合治理带动莆田全域幸福河湖建设。

1. 严格管控河道空间，构建多元河长管控体系

（1）严格管控木兰溪空间。划定干流管理范围、岸线及河岸生态蓝线，完善生态保护红线、永久基本农田、城镇开发边界等控制线，留足两岸生态绿线，实施两岸建筑退距工程，实现岸线资源节约集约利用，构建"控制线＋退距线＋发展线"多规合一体系。

（2）首创流域多元河长体系。干流县级河段长均增设县区委书记为第一河长，55条流域重要支流、小流域增设县级党政主要领导为第一河长。发动商会、老协会、记者、乡贤、志愿者等民间力量为河长，开创流域企业河长、乡愁河长、网络河长等先河，搭建"行政＋流域＋民间"多元河长组织体系，以首创的河长日为抓手，走出从一河多长齐心护河的有名，到挑起担子压责任的有责，再到示范河湖善作为的有能，以及水患频仍变捷报频传的有效，具有莆田地域特色的河湖长制"四有"之路。

2. 实施大系统治理，创新流域运管模式

（1）着眼大空间，实施大系统治理。成立以市委书记、市长为组长的木兰溪全流域系统治理工作领导小组，高位推动"保护＋治理＋开发"系统治理模式，即立足城市发展布局、资源、生态等禀赋，坚持节水优先、系统治理、一体推进理念，统筹流域上下游、左右岸、干支流、点线面、潮汐变化规律、自然-生态-社会等，完善木兰溪流域系统治理规划，明确流域治理方向、目标、思路，确保一张蓝图干到底。

（2）创新木兰溪投、融、规、建、管、养、监一体模式。探索政企合力的"专项＋清单"项目管理模式，将流域河道生态治理、智慧流域系统、水生态安全、生态廊道等项目整合打包，设立木兰溪下游水生态修复和治理工程大专项，总投资29.69亿元，成为全国首批水生态修复与治理示范项目、国家150个重大水利工程之一，形成了"多个渠道引水、一个龙头放水"的水生态修复和治理的资金投入新格局。

3. 建立数字智慧平台，拧紧责任各环链条

（1）数字赋能、科技智力。利用卫星遥感、视频监控、无人机、无人船、App等技术手段，建立智慧河长、生态云平台、水质自动监测站、视频监控等，构建"看水一张网、治水一张图、管水一平台、兴水一盘棋"的新体系，破解治水难题，开启"互联网＋大数据"治水护水新模式。

（2）制度为要，机制为根。创新"三图＋三统＋三单"守河作战路径、"管人＋管河＋管事"智慧河长监管体系，建立"立法＋执法＋司法"多维生态法治护航、"巡察＋监察＋督导"专项监督、"市域＋部门＋云端"跨界协同河湖管护等机制，探索"地方＋高校＋最美家乡河联盟"产学研绿色发展模式，实施"流域＋水库＋区域"叠加补偿办法，推行机械智能化、管理智慧化、作业

精细化的三位一体的水岸协同保洁机制，有效维护木兰溪健康。

4. 统筹保护与发展，保障区域高质量发展

（1）从资源安全、环境安全、流域安全和社会安全角度，统筹流域生产、生活、生态空间，明晰城市"东拓南进西联北优中修"的发展战略，出台《打造人与自然和谐共生美丽莆田行动方案》《莆田市城市功能与品质提升暨拓展新城区三年行动计划》等，优化木兰溪南岸永久基本农田布局，跨木兰溪南进建设高铁新城，攻坚一溪两岸连片发展。

（2）坚持新发展理念，优化产业布局。按照"龙头企业-产业链-产业集群-制造基地"思路，加快木兰溪沿岸产业集聚化、产业链现代化、创新链数字化，构建流域高质量发展的现代产业体系。通过孵化产业、转型升级，重点布局5G、区块链、物联网等龙头产业，打造集气电、风电、光伏于一体的新能源产业集群，推动特色优势产业与互联网平台深度融合，形成木兰溪两岸珍珠链式产业链，有机植入"最美家乡河"文化元素、价值内涵，将优质生态资源转化为绿色发展新动能，做实做优做强做长生态产业链，提升产品效益和附加值，助推乡村振兴。

5. 制定地方标准，规范幸福河湖建设有序

莆田市以木兰溪治理经验为基础，联合河海大学制定了福建省地方标准《独流入海型河流生态建设指南》（DB35/T 2095—2022）、《幸福河湖评价导则》（DB35/T 2113—2023）。为规范幸福河湖日常管理，莆田市河长办、市水利局委托河海大学联合制定了《莆田市幸福河湖评定管理办法（试行）》《莆田市幸福河湖评分标准（试行）》。

### 4.4.5 幸福河湖需深入研究的问题

幸福河湖是一个事关区域经济、社会、文明发展的重大课题，需要持续开展相关理论创新和实践探索。幸福河湖工作刚刚起步，仍有不少问题需要深入研究和探索，尤其是需要开展以下几方面的创新性探索，以期为我国幸福河湖建设、管理提供理论基础和技术参照。

（1）深入研究幸福河湖内在机理与外在表征。在现有工作基础上，深入研究幸福河湖的深刻内涵，充分考虑经济发展、安全保障、资源优化、生态保护以及居民感受的协调性，尤其重视居民的幸福感，深入探究河湖各要素间的作用机理，掌握内在机制，进而提出适宜的建管措施，真正让河湖成为造福人们的幸福河，保障经济的高质量发展。

（2）注重幸福河湖的持续建设。幸福河湖建设不是一项一蹴而就的工作，而是一项需要几代水利人不懈努力的历史使命。要不断进行幸福河湖评价，科学分析评价结果，合理提出可持续发展、不断改进的意见和建议，最大程度发挥幸福河湖建设的综合效益。

（3）制定幸福河湖规范化标准体系。幸福河湖是一个新名词，其内涵、特征和评价方法目前还没有形成全国统一的标准，需进一步总结凝练，不断丰富幸福河湖的内涵，明晰幸福河湖的特征，丰富和发展幸福河湖评价指标体系，建立适用性强、可供选择的幸福河湖定量评价方法库，提出特色明显、适应强的幸福河湖建设技术措施，推进我国幸福河湖理论体系的完善，形成统一的、规范的幸福河湖评价、建设和管护的系列标准体系。

（4）建立幸福河湖数字化平台。加强基础数据监测，形成河湖基础数据库，应用现代网络技术、大数据技术、数字孪生技术，结合河长制、湖长制信息平台，研发河湖幸福指数智能计算和发布软件，并嵌入智慧水利信息化平台，建立民众易操作、易掌握的平原区河湖幸福指数发布 App 平台。

（5）搭建"产学研用"平台。幸福河湖建设过程中，政府部门、管理单位、规划设计单位可与高校、科研院所联合，搭建幸福河湖的"产学研用"基地或平台，加强人才培养，深入探究幸福河湖理论和技术，为切实解决河湖建设中的科学问题提供技术保障和人才保障，为经济社会高质量发展提供基础保障。

# 第5章 浙江省湖州市南浔区幸福河湖评价

## 5.1 基本概况

### 5.1.1 自然概况

1. 地理位置

浙江省湖州市南浔区是2003年经国务院批准的县级区，地处杭嘉湖平原北部，是长江三角洲的金三角沪苏杭嘉湖中心的一颗锦绣明珠，也是上海都市圈的新兴城市。南浔区南连省会杭州，北濒太湖，东接天堂苏州，隔湖与无锡相望，西上直达南京，地处苏南、浙北黄金要地，是浙江接轨上海的前沿，沪渝（申苏浙皖）、申嘉湖杭高速、318国道和湖盐（湖州—海盐）公路贯通全境，京杭运河、长湖申航道和规划中的沪苏湖城际轻轨穿境而过。南浔区距上海、杭州、苏州三大城市均为100km左右。全区辖9个镇和1个省级开发区，分别为南浔镇、练市镇、双林镇、善琏镇、旧馆镇、菱湖镇、和孚镇、千金镇、石淙镇和南浔经济开发区。

2. 地形地貌

南浔区地处杭嘉湖平原水网地区，地势低洼平坦，河流、荡漾、鱼塘密布，土地肥沃。平原区地面高程为1.20~3.50m（1985国家高程基准，下同），总体上由西向东略微倾斜。除建设用地和水面外，其他为农田，水田平均高程1.61m，最高3.0m，最低1.4m以下。

3. 水文气象

南浔区处于中低纬度，属东热带季风性湿润气候，四季分明，雨量充沛。全年无霜期240d左右。一般年份初霜约在11月中旬，终霜约在次年三月中旬。年平均气温15.7℃左右，历年来年平均温度最高为17.5℃，最低为15℃。气温以每年1月最低，平均气温为3℃左右，极端最低气温-9.5℃；每年7月最高，平均气温为33℃左右，极端最高气温39℃。年日照时间平均1838h，平均日照百分率为41.4%。年平均降雨量为1231.5mm，年降雨日为142~155d。通常情况下，一年中有两个较集中的降雨过程。在春末夏初，有长达一个月之久的梅雨季节；在夏秋之交受季风影响，常有大雨或暴雨，年降水量的70%集中在

4—6月和8—9月。

4. 生物生态

南浔区动植物资源丰富，栽培植物以水稻、大麦、小麦、豆类、油菜为主。桑品种资源丰富，有全国著名的桑树良种——湖桑。蔬菜作物水旱俱有，优良品种有南浔大头菜等。豆类作物以菱湖白扁豆著名。区内动物种类繁多，以盛产淡水鱼而闻名遐迩，主要经济鱼类除了号称"四大家鱼"的青鱼、草鱼、鲢鱼、鳙鱼外，还有鲤鱼、鳊鱼、鳜鱼、鲈鱼、银鱼、鳗等。近几年，河蟹、甲鱼、黄鳝、河虾等名特优新产品的人工养殖也取得了重大进展。无脊柱动物主要是家蚕。家畜中优良品种有湖羊、獭兔等。家禽主要有鸡、鸭、鹅，优良品种有"温氏鸡"。南浔区物产丰富，有全国著名的菱湖淡水鱼生产基地；有名甲天下的辑里湖丝；有技艺精湛被誉为文房之宝的善琏湖笔；有"轻如朝雾、薄如蝉翼"之称的双林绫绢；有以"精而不油、酥而不腻、香而不膻、色泽红亮、鲜美无穷"著称的练市湖羊等传统名特产品。

## 5.1.2 人文历史

南浔区历史文化底蕴深厚。早在南宋时期，就已"耕桑之富，甲于浙右"，近代的南浔又是我国丝绸工业的发源地、民族工业萌芽最早的地区之一，曾涌现了"四象八牛七十二金黄狗"的近百家丝商巨富，对江南乃至全国的经济社会产生了巨大的影响。南浔区历来名人辈出，早在宋、明、清三代就有进士41名，有着"九里三阁老，十里两尚书"之称。有国民党元老、西湖博览会创始人张静江，清末民初四大藏书家之一刘承干，西泠印社创始人之一张石铭，著名报告文学家徐迟，著名书法家沈尹默、费新我等一批名人贤士，还有原中国工程院副院长卢良恕、"两弹一星"总设计师屠守锷等8位南浔籍"两院"院士。

南浔是省级旅游区，历史久远，自然风光秀丽，名胜古迹较多，丰富的物产与发达的交通引人入胜，具有明显地方特色。南浔区还是全国古桥保存最集中、最完整的地区之一。所辖南浔、双林、菱湖、善琏等都是著名的江南古镇，形成了全国少有的古镇群落。

(1) 南浔镇。南浔镇具有独特的水乡古镇风貌、别具一格的江南园林、中西合璧的精美建筑，被联合国教科文组织列入世界历史文化遗产预备清单。南浔镇是"中国历史文化名镇""全国文明镇"和"中国十大魅力名镇"，2015年南浔古镇成为湖州市首个国家AAAAA级旅游景区。

(2) 菱湖镇。古名"秀溪"，又名"凌波塘"，原是被用来种菱的大湖。每年秋季"丛丛菱叶随波起，朵朵菱花背日开"，盛产菱，因名"菱湖"。江南水乡菱湖镇，早在唐朝的宝历元年（公元825年），湖州刺史崔元亮就在此修建凌波圩，建造秀溪桥，并因水成市。菱湖"尤多水产，商贾四集，号为水市"。后又逐步聚市成镇。因"其地宜菱,以旁菱湖而名"。整个菱湖镇拥有"九墩十三浜",依河而存,因水成街,粉墙黛瓦,小河古桥、酒肆茶楼,具有浓郁的江南水乡特色。

(3) 和孚镇。位于湖州市南郊,历史悠久,人文景观独特。早在新石器时代,就有先民在此繁衍生息。和孚镇的宗教遗迹为数不少,位于荻港的演教禅寺和位于长超山脚的广济寺等佛教建筑,规模宏大,历史悠久。它们大都创建于唐代,后虽经多次废毁,但近年都得到恢复重建。和孚镇文化底蕴深厚,历代名人辈出。

(4) 练市镇。相传两千多年前,因乡人购琏(琏为古代盛黍稷的器皿)成市,故名琏市。三国时,改为巡幕镇。唐代称连云镇。明洪武年间,又在东栅设立巡检市署,因河水西来如匹练,其"练溪"。继有涟川、连市、木连市等名称。直至清同治九年,因"练""琏"同音,才始称练市。练市文化古迹众多,有巡幕潭遗址——九天阁,时称"壮丽甲一镇"的沈氏西楼遗址——文兴桥,有选编《唐宋八大家文钞》扬名海内外的明代进士茅坤刻刊著书的遗址——"书街",有相传朱元璋避难时所经之处的"慈姑桥"、荃步"报恩禅寺"等依稀可见。沧海桑田、几经变迁,而古老的建筑、古朴的石刻,乃至一条小巷、一条小河、一座石桥都是古镇历史的见证。

(5) 双林镇。双林镇历史悠久,据附近洪城和花城古文化遗址发掘考证,早在三四千年前就有先民在此繁衍生息;汉唐时已成村落,名东林;南宋时,北方商贾随宋室南迁集居于此,故又称商林。明永乐三年(1405年)与其西二里的西林村合并,更名为双林镇,一直沿用至今。

(6) 善琏镇。据清《湖州府志》记载:善琏镇在府城东南七十里,一名善练(善琏)以市有四桥"曰福善、庆善、宜善、宝善"联络市廛、形如束练,故名善练。善琏是中华文房四宝之首湖笔的发源地,素有"湖笔之都"的美称。清代光绪年间,笔工们为了缅怀湖笔之祖——蒙恬的恩泽,在镇西建了蒙公祠。每年农历三月十六和九月十六,四方笔工云集蒙公祠隆重祭祀笔祖,始称"蒙恬会",并由此逐渐演变为湖笔文化节。

(7) 荻港古村。荻港古镇东靠杭湖锡运河,位于和孚镇荻港村,现存的外巷走廊沿运河而建,全长380m,沿河条石驳岸、梯形河埠十分完整。岸边廊屋蜿蜒,店铺相间,河中船舶穿梭,浪涛拍岸,景观颇为奇特。镇内古民居数量众多,规模较大。言传镇内建有36座堂,惜大多残损,但三瑞堂、墨耕堂等结构基本完整。这些堂屋从名称和结构都体现着"耕读传家"的传统和风尚。

(8) 溇港圩田。溇港圩田与"塘浦圩田"均为太湖流域古代先民伟大的创造,是变淤泥为沃土的一项水利工程。它具有"纵溇(浦)横塘","位位相接"的结构,是在屯田制度和初级形式的围田基础上逐步发展起来的。"圩"即堤的意思。

圩田就是在低洼地区四周筑堤，使"水行于圩外，田成于圩内"。因吴越争霸推行"屯兵"，"屯田"的大圩古制，到了北宋初期，大圩解体，只有太湖南岸的溇港圩田因其规模布局与当时的小农经济生产方式相适应，故而一直盛行至今，到明清时又将桑基鱼塘和桑基圩田等生态农业模式发展到了极致。横贯东西的"塘"与入湖溇港十字相交，"两堤夹一河""外御洪潦，中间沟河，用以排灌和通航""皆以水左右通陆路也""两岸堤路"可以通舟马，传驿递区内。练市塘及其他河网形成了练市塘流域南浔区中片内河运输网络，并且与京杭大运河江南段相交。区域内现正积极申报世界历史文化遗产和世界灌溉工程遗产。

随着运河文化、桑基鱼塘系统、丝绸、荻港古村、古镇等人文历史的深入挖掘，南浔区已形成了以夹塘港、江蒋漾、金象湖为代表的一批内涵丰富、特色凸显、独具韵味的水文化展示区。"生态护水、生态活水、生态美水、生态富水"的治水理念进一步深化落实，"美丽＋水利"的发展牌越擦越亮，重现"水晶晶的南浔"。

### 5.1.3 主要河湖水系

浙江省湖州市南浔区地势低平，河网密布，河漾纵横交错，共有河道2248余条（不包括机埠内港），总长2110km，河道密度2.6～3.8km/km$^2$；湖漾615个，全区水域面积93.28km$^2$，水域率为13.2%；属长江中下游太湖流域运河水系，承泄本地涝水及苕溪流域东泄分洪洪水。南浔区西侧以导流港为屏障，抵御苕溪洪水直接侵入，减少苕溪东泄洪水量，减轻东部平原的防洪压力；北面以大钱港、罗溇、幻溇、濮溇、汤溇为主的入湖溇港，是平原部分涝水排入太湖和枯水季节引水的主要河道；东西向的南北横塘、颠塘、双林塘、练市塘、新市塘等河道与北排通道相通，是东部平原的主要排水走廊。南侧洋溪港、东塘河、十二里塘、横塘港等河道与南排工程相通，主要排入杭州湾。以上为湖州东部平原的三大主要排水出路，不仅承担本地产（涝）水，同时还能排泄导流。

南浔区有2条省级河道，即京杭运河浙江南浔段和东苕溪南浔段；10条市级河道，分别为练市塘、菱湖塘、罗溇港、幻溇港、濮溇港、汤溇港、白米塘、月明塘、颠塘和双林塘；24条区级河道，分别为南长兴港、茅针塘、甲午塘、百老桥港、义家漾港、阳安塘、古楼港、丁泾塘、含山塘、博成桥港、方丈港、千金塘、北横泾、箐山闸下河、横古塘、善涟塘、三里塘、顾家塘、息塘、沙浦港、鲶鱼口闸下河、吴沈门闸下河、野湾塘和洋溪港。重点小型湖泊1个，为和孚镇的和孚漾，水域面积1.31km$^2$，水域容积632万m$^3$；小型湖泊（面积大于0.5km$^2$）4个，共计水域面积2.36km$^2$，水域容积961万m$^3$，分别为和孚镇的横山漾、菱湖镇的后庄漾及旧馆镇义家漾、上坡塘漾。南浔区主要湖漾与河道信息见表5.1和表5.2。

5.1 基本概况

表5.1 南浔区主要湖漾情况表

| 序号 | 名称 | 湖泊类型 | 水系 | 所在乡镇 | 水域面积 /km² | 水域容积 /万m³ | 备注 |
|---|---|---|---|---|---|---|---|
| 1 | 和孚漾 | 重点小型湖泊 | 运河水系 | 和孚镇 | 1.31 | 632 | |
| 2 | 横山漾 | 小型湖泊 | 运河水系 | 和孚镇 | 0.82 | 401 | |
| 3 | 后庄漾 | 小型湖泊 | 运河水系 | 菱湖镇 | 0.53 | 189 | |
| 4 | 义家漾 | 小型湖泊 | 运河水系 | 旧馆镇 | 0.48 | 177 | 本区内数值 |
| 5 | 上坡塘漾 | 小型湖泊 | 运河水系 | 旧馆镇 | 0.53 | 194 | |
| | 小　计 | | | | 3.67 | 1593 | |

注 义家漾在南浔区与吴兴区交界处，全部面积为0.62km²。

表5.2 南浔区主要河道情况表

| 序号 | 名称 | 等级 | 流经区/乡镇 | 起点位置 | 终点位置 | 长度 /km | 水域面积 /km² | 河道功能 |
|---|---|---|---|---|---|---|---|---|
| 1 | 京杭大运河（南浔段） | 省级 | 南浔区 | 善琏镇含山村 | 湖州嘉兴界 | 19.67 | 1.51 | 行洪排涝、水量调蓄、灌溉引水、航运交通 |
| 2 | 东苕溪 | 省级 | 菱湖镇、和孚镇 | — | — | 11.23 | 0.77 | 行洪排涝、水量调蓄、灌溉引水 |
| 3 | 菱湖塘 | 市级 | 南浔区 | 沙浦港 | 路村 | 16.10 | 1.87 | 行洪排涝 |
| 4 | 罗娄港 | 市级 | 南浔区 | 双林塘 | 顾塘 | 11.20 | 0.37 | 行洪排涝 |

87

续表

| 序号 | 名称 | 等级 | 流经区/乡镇 | 起点位置 | 终点位置 | 长度/km | 水域面积/km² | 河道功能 |
|---|---|---|---|---|---|---|---|---|
| 5 | 幻溇港 | 市级 | 南浔区 | 德清界 | 頔塘 | 28.40 | 1.72 | 行洪排涝 |
| 6 | 濮溇港 | 市级 | 南浔区 | 双林塘 | 頔塘 | 7.10 | 0.41 | 行洪排涝 |
| 7 | 汤溇港 | 市级 | 南浔区 | 南浔沽村桥 | 姚家兜港 | 1.10 | 0.10 | 行洪排涝 |
| 8 | 白米塘 | 市级 | 南浔区 | 双林塘 | 頔塘 | 9.30 | 0.79 | 行洪排涝 |
| 9 | 月明塘 | 市级 | 南浔区 | 京杭运河 | 双林塘 | 6.90 | 0.53 | 行洪排涝 |
| 10 | 頔塘 | 市级 | 南浔区 | 朱家斗 | 江苏界 | 17.20 | 1.74 | 行洪排涝、通航交通 |
| 11 | 双林塘 | 市级 | 南浔区 | 和孚漾 | 京杭运河 | 30.90 | 2.98 | 行洪 |
| 12 | 练市塘 | 市级 | 南浔区 | 菱湖塘 | 京杭运河 | 25.70 | 1.43 | 行洪 |
| 13 | 南长兴港 | 区级 | 南浔镇 | 甲午塘 | 南浔界 | 1.97 | 0.16 | 行洪排涝 |
| 14 | 茅针塘 | 区级 | 南浔镇 | 北横泾 | 阳安塘 | 4.18 | 0.20 | 行洪排涝 |
| 15 | 甲午塘 | 区级 | 南浔镇 | 南长兴港 | 北里 | 2.20 | 0.11 | 行洪排涝 |
| 16 | 百老桥港 | 区级 | 南浔镇 | 甲午塘 | 南浔界 | 2.08 | 0.08 | 行洪排涝 |
| 17 | 乂家港 | 区级 | 和孚、菱湖 | 菱湖塘 | 双林塘 | 5.39 | 0.40 | 行洪排涝 |
| 18 | 阳安塘 | 区级 | 南浔、开发区 | 白米塘 | 甲午塘 | 7.27 | 0.43 | 行洪排涝 |
| 19 | 古楼港 | 区级 | 开发区 | 頔塘 | 金鱼漾 | 3.94 | 0.28 | 行洪排涝 |
| 20 | 丁泾塘 | 区级 | 双林、开发区 | 双林塘 | 頔塘 | 8.29 | 0.47 | 行洪排涝 |

续表

## 5.1 基本概况

| 序号 | 名称 | 等级 | 流经区/乡镇 | 起点位置 | 终点位置 | 长度/km | 水域面积/km² | 河道功能 |
|---|---|---|---|---|---|---|---|---|
| 21 | 含山塘 | 区级 | 练市、善琏、双林 | 京杭运河 | 双林塘 | 12.65 | 0.82 | 行洪排涝 |
| 22 | 博成桥港 | 区级 | 南浔镇 | 南浔界 | 阳安塘 | 3.18 | 0.23 | 行洪排涝 |
| 23 | 方丈港 | 区级 | 开发区 | 蚵塘 | 横古塘 | 2.90 | 0.12 | 行洪排涝 |
| 24 | 千金塘 | 区级 | 千金镇 | 练市塘 | 幻溇港 | 5.67 | 0.29 | 行洪排涝 |
| 25 | 北横泾 | 区级 | 南浔镇 | 双林塘 | 息塘 | 4.98 | 0.26 | 行洪排涝 |
| 26 | 菁山闸下河 | 区级 | 菱湖镇 | 导流港 | 龙溪港故道 | 10.93 | 0.63 | 行洪排涝 |
| 27 | 横古塘 | 区级 | 开发区 | 汤溇港 | 古楼港 | 6.14 | 0.31 | 行洪排涝 |
| 28 | 善琏塘 | 区级 | 双林、善琏、石淙 | 南浔界 | 双林塘 | 16.07 | 0.81 | 行洪排涝 |
| 29 | 三里塘 | 区级 | 千金镇 | 京杭运河 | 南浔界 | 5.00 | 0.27 | 行洪排涝 |
| 30 | 顾家塘 | 区级 | 练市镇 | 幻溇港 | 南浔界 | 4.56 | 0.34 | 行洪排涝 |
| 31 | 息塘 | 区级 | 练市、南浔 | 南浔界 | 博成桥港 | 7.91 | 0.55 | 行洪排涝 |
| 32 | 沙浦港 | 区级 | 千金、钟管镇 | 菱湖镇 | 镇上河 | 5.94 | 0.19 | 行洪排涝 |
| 33 | 鲇鱼口闸下河 | 区级 | 菱湖镇 | 南浔界 | 菱湖塘 | 2.79 | 0.16 | 行洪排涝 |
| 34 | 吴沈门闸下河 | 区级 | 和孚镇 | 横山漾 | 菱湖塘 | 2.99 | 0.22 | 行洪排涝 |
| 35 | 野荇塘 | 区级 | 石淙、双林、和孚 | 旧馆塘 | 罗溇港 | 3.10 | 0.24 | 行洪排涝 |
| 36 | 洋溪港(漾溪港) | 区级 | 千金、钟管、新市 | 南浔界 | 南浔界 | 3.26 | 0.13 | 行洪排涝 |

## 5.2 现状分析

### 5.2.1 实施的主要治理措施

1. 美丽河湖

近年来，南浔区水利以"美丽南浔"建设为统领，在防汛防台、水资源管理、水环境治理、水生态修复、水利工程建设、标准化管理等方面开展了大量探索性和创新性工作。通过圩区整治、机埠改造、河道治理、预警体系等工程建设措施和人员配置、预测预警等管理措施，已形成较为完善的防洪减灾体系。通过清淤疏浚、水系沟通、河道保洁等综合措施，使河湖水生态环境质量显著提升。通过严控"三条红线"，节水型社会建设、城乡一体化供水等措施，形成水资源保障体系，水资源管理趋于科学化。根据南浔区内河湖自然禀赋、历史人文特色、治理现状与发展需求等，结合全域旅游、美丽城镇和美丽乡村建设，按照"一核两翼八节点"的总体布局开展美丽河湖建设。"一核"为南浔古镇风光，"两翼"为东宗线（白米塘）景观线、京杭大运河景观线，"八节点"包括和孚镇获港文化、菱湖镇桑基鱼塘、善琏镇湖笔文化、千金镇沙浦港、双林镇盆景小镇区块、旧馆镇运粮文化、石淙镇蚕花文化和南浔镇息塘采菊东篱文化。

按照"安全为本、生态优先、系统治理、因河施策、文化引领、共享共管"的河道治理总体要求，贯彻"生态护水、生态活水、生态美水、生态富水"的治水理念，提出管理法治化、河湖安全保障化、河水供给资源化、河湖环境生态化、河湖民生共享化的"五化"美丽河湖的建设思路和理念，将河湖综合治理与产业平台建设、美丽乡村建设、全域文化旅游建设相结合，全域推动美丽南浔建设。

2. "百漾千河"综合治理

"百漾千河"综合治理项目由两个子项目组成。子项目一为南浔区"百漾千河"综合治理项目一期工程，包含对南浔区全区 83 个村庄的河网水系（300km）、20 个湖漾（8000 亩）进行综合治理，具体建设内容包括堤防护岸、清淤、水系连通、水生态修复、景观绿化等，估算总投资 11.56 亿元。子项目二为南浔区"百漾千河"综合治理项目丁泾塘等河道治理工程，主要包括 6 条骨干河道（50km）的综合治理，具体内容为堤防护岸、绿化、清淤、景观节点以及政策处理等，估算总投资 10.65 亿元。"百漾千河"综合治理项目估算总投资为 22.21 亿元，其中工程费用 16.105 亿元，工程建设其他费用 6.105 亿元。

"百漾千河"综合治理项目的运行是根据"政府主导、市场参与、统筹使用、形成合力"的原则，由南浔区水利局与中交投资有限公司、中交一航局组成联合体，采用 PPP 运行模式，多方通力合作，大大提高了项目各项工作的运行效率。该项目模式改变了长期以来单一以政府投入为主的水利投融资模式，是南浔区政府推进水利建设"1+N"项目模式的典型代表。

3. 杭嘉湖北排通道后续工程（南浔段）

杭嘉湖北排通道后续工程（南浔段）项目是杭嘉湖北排通道工程的后续补充工程，并已列入《浙江省水利发展"十三五"规划》《浙江省杭嘉湖圩区整治"十三五"规划》和浙江省百项千亿防洪排涝工程项目库，总投资约19.53亿元。项目实施内容主要为整治善琏塘、含山塘、老双林塘、息塘、阳安塘、博城桥港、南长兴港、甲午塘、百老桥港、界河及頔塘等11条河道（总长共60.84km）；堤防加固提升79.2km；护岸加固改造47.1km；整治横山漾、后庄漾、八字桥漾、双福漾、慎家漾、薛家漾、江蒋漾、清泉漾、大家滩漾等9个湖漾（面积约4570亩），整治湖岸长约28km，清淤方量约395万 $m^3$；建设闸站3座及节制闸2座。工程建成后，能够完善运西片防洪排涝格局，缓解东部平原防洪压力，提高区域防洪减灾能力；推进河湖水系连通，增加水域面积，完善区域水环境工程体系；增强水体流动，完善杭嘉湖地区水资源优化配置。

## 5.2.2 存在的问题

1. 防洪排涝能力需进一步提高

近几年通过太嘉河工程和环湖河道整治等工程的实施，南浔区水系得到进一步连通，防洪排涝得到较大提高。但是仍存在骨干河道局部河段低于达标标准的状况，部分圩区未得到有效治理，防洪能力不足。据统计，南浔区现状50年一遇堤防达标率为77.5%，20年一遇堤防达标率为63.8%，10年一遇堤防达标率为56.2%。需要进一步进行综合整治，提高防洪排涝能力。

2. 河湖生态环境需进一步改善

随着城镇规模的扩大和工业发展以及"五水共治"的推进，截污纳管率不断提升，城镇生活污水和工业废污水大部分经过污水处理厂处理达标排放，直接入河污染物不断减少。但仍存在农业面源污染，污染物直排入河，部分河道底泥污染较重。另外，现有雨污管道纷乱，因设施陈旧和外力损坏的现象时有发生观测和应对处理污染的能力不足，对已发生的水体污染缺少有效的控制和减缓措施。

3. 河湖底蕴特色需进一步彰显

南浔区河湖水系文化底蕴深厚，区域特色鲜明。虽然在过去的水利建设中注重水利遗产保护与利用，建设了一批具有地方特色的河湖水系工程，但是与当地人文哲学的联系仍需进一步挖掘，充分彰显南浔底蕴、南浔特色，形成江南水乡美丽诗画河湖。如南浔区"一核"特色（南浔古镇风光）、"两翼"景观特色［东宗线（白米塘）景观线、京杭大运河景观线］、"八节点"文化特色（包括和孚镇荻港文化、菱湖镇桑基鱼塘、善琏镇湖笔文化、千金镇沙浦港、双林镇盆景小镇区块、旧馆镇运粮文化、石淙镇蚕花文化和南浔镇息塘采菊东篱文化）的内涵与特色需进一步凸显。

#### 4. 幸福河湖内涵需进一步凝练

幸福河湖是我国近期河湖建设的新形势、新要求，南浔区需全面梳理全区防洪安全、水资源、生态、环境、文化、历史、经济发展的现状特征，充分挖掘河湖底蕴特色，根据国家、省市总体战略要求，结合本区特点，深入探究南浔幸福河漾内涵，进一步明确南浔幸福河漾的特质。

#### 5. 多元融合发展需进一步推进

南浔因水而兴，以水相承。需进一步有效整合南浔区水文化资源，深入挖掘水的人文、哲学内涵，开发以水为引领、以水为特色的农林文旅系列产品，打造南浔"水"品牌。开展河湖工程命名、涉水活动策划等项目成为充分展示南浔深厚文化底蕴和水乡风采的重要窗口，又为水利工作者搭建施展才华的崭新舞台。以水系优化作为南浔区全域战略布局的基础，以水利工程建设作为水利、国土、环保、农业、交通、城建、旅游、文化、规划、发展改革等各行政部门协调、联动工作的重要抓手，坚持占补平衡基本原则，突出水系调整与土地整治相结合，积极推进南浔全域环境、生态、旅游、水交通建设，促进全局经济、社会协调发展。

## 5.3 评价指标筛选与权重确定

### 5.3.1 评价指标筛选

南浔区幸福河湖评价指标体系由目标层、准则层、指标层构成。目标层为河湖幸福指数，根据南浔区河湖的特点，准则层由持久安全指数、资源优配指数、健康生态指数、环境宜居指数、文化传承指数、绿色富民指数、管理智慧指数构成。各指标层由具体指标构成。南浔区幸福河湖评价指标体系见表3.3。

### 5.3.2 指标权重确定

在评价过程中，需要对不同的指标赋予不同的权重值，以反映指标的相对重要程度，保证评价结果的准确性和有效性。指标权重值确定方法包括主观赋权法和客观赋权法。主观赋权法是由评价分析人员根据各项指标的重要性（主观重视程度）而赋权的一类方法。此类方法的赋权基础是基于对各项指标重要性的主观认知程度，因此不可避免地带有一定程度的主观随意性。客观权重是根据河流发育发展的客观规律来给指标赋权的方法。该方法因考虑到了指标真实数据的不同对评价结果的影响，而使得待评对象特征与评价结果总体保持一致。由于每条河流均有自身的特殊性，这就要求各指标的权重应体现各具体河流的特点，这种特殊性通常通过当地管理者的打分来确定。这种方法确定的权重为主观权重。本书中指标权重计算采用主观权重与客观权重相结合的综合赋权方法。

1. 客观权重计算方法

评价指标的客观权重值用层次分析法确定。层次分析法本质上是一种决策思维方法，体现了"分解－判断－综合"的基本决策思维过程。它把复杂的问题分解为各个组成因素，按照支配关系分组形成有序的递阶层次结构，通过两两比较的方式确定层次中各因素的相对重要性，并利用判断矩阵特征向量的计算确定下层指标对上层指标的贡献程度。用层次分析法确定指标权重的步骤如下：

（1）建立递阶层次结构。根据评价对象的具体情况确定评价指标，按照指标属性的不同进行分类组合，形成递阶层次结构。

（2）构造两两比较判断矩阵。层次结构中各层的元素可以依次相对于上一层元素进行两两比较，对重要性赋值，据此建立判断矩阵。两个指标的相对重要程度采用1～9的标度法赋值，具体标度及含义见表5.3。

表5.3　　　　　　　　　　判断矩阵标度及其含义

| 标　度 | 含　义 |
| --- | --- |
| 1 | 表示两个因素相比，具有同等重要性 |
| 3 | 表示两个因素相比，前者比后者稍为重要 |
| 5 | 表示两个因素相比，前者比后者明显重要 |
| 7 | 表示两个因素相比，前者比后者强烈重要 |
| 9 | 表示两个因素相比，前者比后者极端重要 |
| 2，4，6，8 | 表示上述相邻判断的中间值 |
| 倒数 | 若元素 $x_i$ 和 $x_j$ 的重要性之比为 $a_{ij}$，则元素 $x_j$ 和 $x_i$ 的重要性之比为 $a_{ji}=1/a_{ij}$ |

（3）确定权重系数。求判断矩阵的最大特征根 $\lambda_{max}$ 及其对应的特征向量 $W$，将 $W$ 归一化，可得同一层次中相应元素对于上一层次中的某个因素相对重要性的排序权值，这就是层次单排序。层次单排序两个关键问题是求解判断矩阵 $A$ 的最大特征根 $\lambda_{max}$ 及其对应的特征向量 $W$。一般采用方根法来计算，其计算方法如下：

1) 计算判断矩阵每行元素的乘积 $M_i$

$$M_i = \prod_{j=1}^{n} a_{ij}, \quad (i, j = 1, 2, \cdots, n) \tag{5.1}$$

2) 计算 $M_i$ 的 $n$ 次方根 $w_i$

$$w_i = \sqrt[n]{M_i} \tag{5.2}$$

3) 对特征向量 $W = (w_1, w_2, \cdots, w_n)^T$ 进行归一化，即

$$w'_i = \frac{w_i}{\sum_{j=1}^{n} w_j} \tag{5.3}$$

则权重向量为 $W' = (w_1', w_2', \cdots, w_n')^T$。

(4) 一致性检验。为了保证权重的可信度，需要对判断矩阵进行一致性检验。根据矩阵理论，在层次分析法中引入判断矩阵最大特征根以外的其余特征根的负平均值，作为衡量判断矩阵偏离一致性的指标。具体检验过程如下：

1) 计算判断矩阵的最大特征根 $\lambda_{\max}$

$$\lambda_{\max} = \sum_{i=1}^{n} \frac{(AW')_i}{nw_i'} \tag{5.4}$$

2) 计算一致性指标 $CI$

$$CI = \frac{\lambda_{\max} - n}{n - 1} \tag{5.5}$$

3) 计算一致性比率 $CR$

$$CR = \frac{CI}{RI} \tag{5.6}$$

式中：$CR$ 为随机一致性比率；$CI$ 为一致性指标；$RI$ 为平均随机一致性指标，$RI$ 的取值根据表 5.4 确定。

表 5.4　　　　　判断矩阵的平均随机一致性指标 $RI$

| $n$ | 1 | 2 | 3 | 4 | 5 | 6 | 7 | 8 | 9 | 10 |
|---|---|---|---|---|---|---|---|---|---|---|
| $RI$ | 0.00 | 0.00 | 0.58 | 0.90 | 1.12 | 1.24 | 1.32 | 1.41 | 1.45 | 1.49 |

将 $CR$ 值与 0.1 进行比较，当 $CR < 0.1$ 时，判断矩阵具有满意的一致性；否则需要重新调整判断矩阵的取值，反复上述步骤，直至具有满意的一致性为止。

通过层次分析法，计算出各指标的客观权重系数 $w_j'$。

2. 主观权重的计算（熵权法）

熵权法首先通过专家填写打分表，再对专家主观赋值进行客观化分析和处理，将主观判断与客观计算相结合，增强权重的可信度，能够对指标的重要程度进行较客观的确定。熵权法是一种在综合考虑各因素所提供信息量的基础上，计算一个综合指标的数学方法。它主要根据各指标传递给决策者的信息量大小来确定其权数。熵原本是一个热力学概念，最先由香农（Shannon C.E.）引入信息论中，现已在工程技术、社会经济等领域得到广泛应用。根据信息论基本原理，信息是系统有序程度的度量，而熵则是系统无序程度的度量。信息量越大，不确定性越小，熵也越小；反之，信息量越小，不确定性越大，熵也越大。专家打分表见表 5.5。

## 5.3 评价指标筛选与权重确定

表 5.5 专 家 打 分 表

| 准则层 | 打分值 | 指 标 层 | 打分值 |
|---|---|---|---|
| 持久安全指数 ($B_1$) | | 防洪能力达标率 ($C_{11}$) | |
| | | 排涝能力达标率 ($C_{12}$) | |
| | | 纵向连通性指数 ($C_{13}$) | |
| 资源优配指数 ($B_2$) | | 饮用水水源地水质达标率 ($C_{21}$) | |
| | | 水功能区水质达标率 ($C_{22}$) | |
| | | 城镇供水保障率 ($C_{23}$) | |
| | | 农村自来水普及率 ($C_{24}$) | |
| | | 万元工业增加值用水量目标控制程度 ($C_{25}$) | |
| | | 灌溉用水保证率 ($C_{26}$) | |
| 健康生态指数 ($B_3$) | | 生态用水满足程度 ($C_{31}$) | |
| | | 水生生物多样性指数 ($C_{32}$) | |
| | | 生态岸线保有率 ($C_{33}$) | |
| | | 滨岸带植被覆盖率 ($C_{34}$) | |
| | | 水土流失治理率 ($C_{35}$) | |
| 环境宜居指数 ($B_4$) | | 断面水质优良率 ($C_{41}$) | |
| | | 湖库富营养化发生率 ($C_{42}$) | |
| | | 亲水休闲适宜度 ($C_{43}$) | |
| | | 垃圾分类集中处理率 ($C_{44}$) | |
| | | 污水集中处理率 ($C_{45}$) | |
| | | 环境整洁度 ($C_{46}$) | |
| 文化传承指数 ($B_5$) | | 历史水文化遗产保护程度 ($C_{51}$) | |
| | | 现代水文化创造创新指数 ($C_{52}$) | |
| | | 水情教育普及程度 ($C_{53}$) | |
| | | 河湖治理公众认知参与度 ($C_{54}$) | |
| 绿色富民指数 ($B_6$) | | 生态产业化程度 ($C_{61}$) | |
| | | 产业生态化程度 ($C_{62}$) | |
| | | 居民可支配收入指数 ($C_{63}$) | |
| 管理智慧指数 ($B_7$) | | 管护制度体系完善程度 ($C_{71}$) | |
| | | 工程管护到位程度 ($C_{72}$) | |
| | | 空间管护到位程度 ($C_{73}$) | |
| | | 河长制执行程度 ($C_{74}$) | |
| | | 信息化智能化水平 ($C_{75}$) | |
| | | 公众参与程度 ($C_{76}$) | |

设 $m$ 个评分人，$n$ 个评价指标，$x_{ij}$ 是评分人 $i$ 对指标 $j$ 的打分，$x_j^*$ 是评价指标 $j$ 的最高分。对于收益性指标，$x_j^*$ 越大越好；对于损益性指标，$x_j^*$ 越小越好。根据指标的特征，$x_{ij}$ 与 $x_j^*$ 之比称为 $x_{ij}$ 对于 $x_j^*$ 的接近度，记为 $d_{ij}$ 表示。

当 $x_{ij}$ 为收益性指标时
$$d_{ij} = \frac{x_{ij}}{x_j^*} \tag{5.7}$$

当 $x_{ij}$ 为损益性指标时
$$d_{ij} = \frac{x_j^*}{x_{ij}} \tag{5.8}$$

第 $j$ 个评价指标的相对重要程度的不确定性由下列条件熵确定：
$$E_j = -\sum_{i=1}^{m} \frac{d_{ij}}{d_j} \ln \frac{d_{ij}}{d_j} \tag{5.9}$$

式中：$d_j = \sum_{i=1}^{m} d_{ij} (i=1,2,\cdots,m; j=1,2,\cdots,n)$。

由熵的极值可知，当各个 $d_{ij}/d_j$ 均趋于某一固定值 $p$ 时，记为 $d_{ij}/d_j \to p$，即各个 $d_{ij}/d_j$ 均相等时，条件熵就越大，从而评价指标的不确定性也就越大。当 $d_{ij}/d_j = 1$ 时，条件熵达到最大 $E_{\max}$，$E_{\max} = \ln m$。用 $E_{\max}$ 对条件熵 $E_j$ 进行归一化处理，则评价指标 $j$ 的评价决策重要性的熵为

$$e_j = E_j / E_{\max} = -\frac{1}{\ln m} \sum_{i=1}^{m} \frac{d_{ij}}{d_j} \ln \frac{d_{ij}}{d_j} \tag{5.10}$$

则第 $j$ 个评价指标的主观权重 $Q_j$ 为

$$Q_j = \frac{1 - e_j}{n - E_c} \tag{5.11}$$

式中：$E_c = \sum_{j=1}^{n} e_j$，$0 \leqslant Q_j \leqslant 1$，$\sum_{j=1}^{n} Q_j = 1$。

3. 综合权重的计算

综合考虑主观因素与客观因素，在主观权重系数与客观权重系数确定的基础上，计算各指标的综合权重，其计算式为

$$W_j = \frac{w_j' Q_j}{\sum_{j=1}^{n} w_j' Q_j} \quad (j=1,2,\cdots,n) \tag{5.12}$$

根据南浔区河湖实际，应用层次分析法确定了准则层及指标层的权重。南浔区幸福河湖评价指标的综合权重值见表 5.6。

## 5.3 评价指标筛选与权重确定

表 5.6　　　　　　　南浔区幸福河湖评价指标的综合权重值

| 准则层 | 权重值 | 指标层 | 权重值 |
|---|---|---|---|
| 持久安全指数（$B_1$） | 0.154 | 防洪能力达标率（$C_{11}$） | 0.339 |
| | | 排涝能力达标率（$C_{12}$） | 0.337 |
| | | 纵向连通性指数（$C_{13}$） | 0.324 |
| 资源优配指数（$B_2$） | 0.152 | 饮用水水源地水质达标率（$C_{21}$） | 0.171 |
| | | 水功能区水质达标率（$C_{22}$） | 0.182 |
| | | 城镇供水保障率（$C_{23}$） | 0.175 |
| | | 农村自来水普及率（$C_{24}$） | 0.161 |
| | | 万元工业增加值用水量目标控制程度（$C_{25}$） | 0.156 |
| | | 灌溉用水保证率（$C_{26}$） | 0.155 |
| 健康生态指数（$B_3$） | 0.152 | 生态用水满足程度（$C_{31}$） | 0.196 |
| | | 水生生物多样性指数（$C_{32}$） | 0.201 |
| | | 生态岸线保有率（$C_{33}$） | 0.213 |
| | | 滨岸带植被覆盖率（$C_{34}$） | 0.195 |
| | | 水土流失治理率（$C_{35}$） | 0.195 |
| 环境宜居指数（$B_4$） | 0.124 | 断面水质优良率（$C_{41}$） | 0.193 |
| | | 湖库富营养化发生率（$C_{42}$） | 0.182 |
| | | 亲水休闲适宜度（$C_{43}$） | 0.175 |
| | | 垃圾分类集中处理率（$C_{44}$） | 0.154 |
| | | 污水集中处理率（$C_{45}$） | 0.151 |
| | | 环境整洁度（$C_{46}$） | 0.145 |
| 文化传承指数（$B_5$） | 0.131 | 历史水文化遗产保护程度（$C_{51}$） | 0.257 |
| | | 现代水文化创造创新指数（$C_{52}$） | 0.257 |
| | | 水情教育普及程度（$C_{53}$） | 0.245 |
| | | 河湖治理公众认知参与度（$C_{54}$） | 0.241 |
| 绿色富民指数（$B_6$） | 0.149 | 生态产业化程度（$C_{61}$） | 0.345 |
| | | 产业生态化程度（$C_{62}$） | 0.316 |
| | | 居民可支配收入指数（$C_{63}$） | 0.339 |
| 管理智慧指数（$B_7$） | 0.138 | 管护制度体系完善程度（$C_{71}$） | 0.183 |
| | | 工程管护到位程度（$C_{72}$） | 0.172 |
| | | 空间管护到位程度（$C_{73}$） | 0.145 |
| | | 河长制执行程度（$C_{74}$） | 0.184 |
| | | 信息化智能化水平（$C_{75}$） | 0.171 |
| | | 公众参与程度（$C_{76}$） | 0.145 |

## 5.4 典型河湖幸福程度评价

### 5.4.1 典型河流幸福指数计算及幸福等级评价

#### 1. 沙浦港的幸福指数及幸福等级

（1）基本概况。沙浦港位于浙江省湖州市南浔区千金镇，集水面积 0.39km²。沙浦港途经（从西至东）商墓村店兜、姚家兜、祠堂前、金城村新金坝、横河坝等 5 个自然村，河道全长 4.3km（图 5.1）。河道的主要支流包括西夹条河道、横河坝河道、新金坝河道、李家坝河道、后林直港、屠家埭河道等，分别长 0.45km、0.77km、0.55km、1.88km、2.71km、0.32km。沙浦港河道两岸周边共有耕地约 317 亩，主要种植水稻、蚕桑，养殖业以特种水产养殖为主，共有 1713 亩。区域内有灌区 7 处，农作物种类以水稻、蚕桑为主，灌溉面积近 500 亩，渠系利用系数 0.9。2017 年沙浦港列入南浔区"百漾千河"综合治理工程，主要建设内容是新建生态护岸约 6.6km、水闸 1 座、栈桥 4 座、清淤约 9.3 万 m³、沿岸步道及节点绿化等。工程建成后有效拓展了综合滨水公共交流活动空间，满足了当地居民休闲生活的基本需求。

图 5.1　南浔区千金镇沙浦港

（2）评价指标的指标值。通过资料查阅、走访咨询、发放调查表，应用第 3 章幸福河湖评价指标的指标值计算方法，分析计算沙浦港幸福河湖评价指标与指标值见表 5.7。

表 5.7　　　　　　沙浦港幸福河湖评价指标与指标值

| 评 价 指 标 | | 指标值 |
|---|---|---|
| 持久安全指数 ($B_1$) | 防洪能力达标率（$C_{11}$） | 100.00 |
| | 排涝能力达标率（$C_{12}$） | 100.00 |
| | 纵向连通指数（$C_{13}$） | 100.00 |

5.4 典型河湖幸福程度评价

续表

| 评价指标 | | 指标值 |
|---|---|---|
| 资源优配指数 ($B_2$) | 饮用水水源水质达标率（$C_{21}$） | 100.00 |
| | 水功能区水质达标率（$C_{22}$） | 97.00 |
| | 城镇供水保障率（$C_{23}$） | 100.00 |
| | 农村自来水普及率（$C_{24}$） | 100.00 |
| | 万元工业增加值用水量目标控制程度（$C_{25}$） | 90.00 |
| | 灌溉用水保证率（$C_{26}$） | 100.00 |
| 健康生态指数 ($B_3$) | 生态用水满足程度（$C_{31}$） | 90.00 |
| | 水生生物多样性指数（$C_{32}$） | 90.00 |
| | 生态岸线保有率（$C_{33}$） | 90.00 |
| | 滨岸带植被覆盖率（$C_{34}$） | 80.00 |
| | 水土流失治理率（$C_{35}$） | 75.00 |
| 环境宜居指数 ($B_4$) | 断面水质优良率（$C_{41}$） | 98.00 |
| | 湖库富营养化发生率（$C_{42}$） | 98.00 |
| | 亲水休闲适宜度（$C_{43}$） | 85.00 |
| | 垃圾分类集中处理率（$C_{44}$） | 100.00 |
| | 污水集中处理率（$C_{45}$） | 100.00 |
| | 环境整洁度（$C_{46}$） | 88.00 |
| 文化传承指数 ($B_5$) | 历史水文化遗产保护程度（$C_{51}$） | 97.00 |
| | 现代水文化创造创新指数（$C_{52}$） | 98.00 |
| | 水情教育普及程度（$C_{53}$） | 81.00 |
| | 河湖治理公众认知参与度（$C_{54}$） | 86.00 |
| 绿色富民指数 ($B_6$) | 生态产业化程度（$C_{61}$） | 87.00 |
| | 产业生态化程度（$C_{62}$） | 88.00 |
| | 居民可支配收入指数（$C_{63}$） | 91.00 |
| 管理智慧指数 ($B_7$) | 管护制度体系完善程度（$C_{71}$） | 97.00 |
| | 工程管护到位程度（$C_{72}$） | 82.00 |
| | 空间管护到位程度（$C_{73}$） | 84.00 |
| | 河长制执行程度（$C_{74}$） | 90.00 |
| | 信息化智能化水平（$C_{75}$） | 80.00 |
| | 公众参与程度（$C_{76}$） | 80.00 |
| 公众满意度 | | 95.00 |

99

（3）幸福指数及幸福等级。从群众调查表统计结果看出，沙浦港的公众满意度达95，属于"非常满意"。对沙浦港进行控制性评价，沙浦港为防洪排涝型河道，其控制性指标为防洪能力达标率和排涝能力达标率。沙浦港的防洪能力达标率和排涝能力达标率的得分均为100，表明完全满足防洪排涝要求，控制性评价达到要求。进一步综合考虑所有评价指标，应用课题组开发的"河湖幸福指数智能计算与幸福等级评价系统"开展协作性评价，评价沙浦港的综合幸福状态（图5.2）。由图5.2可知，沙浦港总体幸福指数为91.927，其幸福等级为"非常幸福"。从结果看，沙浦港幸福指数的各准则层存在一定的差异，其中持久安全指数、资源优配指数、环境宜居指数、文化传承指数较优，均达90以上。相比较而言，健康生态指数、绿色富民指数、管理智慧指数较低，其中健康生态指数最低，为85.13。因此，后期建设中，可进一步加强健康生态指数、绿色富民指数、管理智慧指数三大模块的提升，尤其是需要提升河道的健康生态状况，提高涉水产业的绿色价值和质量。

| 河湖幸福指数智能计算与幸福等级评价系统 ||||
|---|---|---|---|
| 基本信息 ||||
| 河湖名称： | 沙浦港 | 长度/面积： | 4.3km |
| 位　　置： | 千金镇 | 河(湖)长： | *** |
| 评价结果 ||||
| 河湖幸福指数： | 91.927 | 幸福等级： | 非常幸福 |
| 评价指标的指标值 ||||
| B1-持久安全指数： | 100.00 | B4-环境宜居指数： | 94.89 |
| C11-防洪能力达标率： | 100.00 | C41-断面水质优良率： | 98.00 |
| C12-排涝能力达标率： | 100.00 | C42-湖库富营养化发生率： | 98.00 |
| C13-纵向连通指数： | 100.00 | C43-亲水休闲适宜度： | 85.00 |
| B2-资源优配指数： | 97.89 | C44-垃圾分类处理率： | 100.00 |
| C21-饮用水水源水质达标率： | 100.00 | C45-污水集中处理率： | 100.00 |
| C22-水功能区水质达标率： | 97.00 | C46-环境整洁度： | 88.00 |
| C23-城镇供水保障率： | 100.00 | B5-文化传承指数： | 90.69 |
| C24-农村自来水普及率： | 100.00 | C51-历史水文化遗产保护程度： | 97.00 |
| C25-万元工业增加值用水量目标控制程度： | 90.00 | C52-现代水文化创造创新指数： | 98.00 |
| C26-灌溉用水保证率： | 100.00 | C53-水情教育普及程度： | 81.00 |
| B3-健康生态指数： | 85.13 | C54-流域治理公众认知参与度： | 86.00 |
| C31-生态用水满足程度： | 90.00 | B7-管理智慧指数： | 85.88 |
| C32-水生物多样性指数： | 90.00 | C71-管护制度体系完善程度： | 97.00 |
| C33-生态岸线保有率： | 90.00 | C72-工程管护到位程度： | 82.00 |
| C34-滨岸带植被覆盖率： | 80.00 | C73-空间管护到位程度： | 84.00 |
| C35-水土流失治理率： | 75.00 | C74-河长执行程度： | 90.00 |
| B6-绿色富民指数： | 88.67 | C75-信息化智能化水平： | 80.00 |
| C61-生态产业化程度： | 87.00 | C76-公众参与程度： | 80.00 |
| C62-产业生态化指数： | 88.00 | 一票否决 | 非常满意 |
| C63-居民可支配收入指数： | 91.00 | 公众满意度 | 95.00 |

图5.2 沙浦港的幸福指数及幸福等级评价结果

2. 排塘港的幸福指数及幸福等级

（1）基本概况。排塘港位于浙江省湖州市南浔区石淙镇，排塘港（双林塘至洋溪港段）古称金溪，河道宽阔，是京杭大运河支流，全长19.7km，河面宽

50m，河底高程-2.7m（图5.3）。河道主要具有排洪、航运、生态景观、休闲娱乐等功能。2018年排塘港入选南浔区"百漾千河"综合治理工程。排塘港综合治理工程防洪标准已达20年一遇设计防洪标准，堤岸边坡完整稳定无坍塌现象，河势稳定。通过综合治理，排塘港的调蓄功能、防洪能力显著提高，河湖岸线、滩地资源、水生态环境等得到有效改善和保护，重现了水清岸绿江南水乡。

图5.3 南浔区石淙镇排塘港

（2）评价指标的指标值。通过资料查阅、走访咨询、发放调查表，应用第3章幸福河湖评价指标的指标值计算方法，分析计算排塘港幸福河湖评价指标与指标值见表5.8。

表5.8　　　　　　排塘港幸福河湖评价指标与指标值

| 评 价 指 标 | | 指标值 |
| --- | --- | --- |
| 持久安全指数 ($B_1$) | 防洪能力达标率（$C_{11}$） | 100.00 |
| | 排涝能力达标率（$C_{12}$） | 100.00 |
| | 纵向连通指数（$C_{13}$） | 100.00 |
| 资源优配指数 ($B_2$) | 饮用水水源水质达标率（$C_{21}$） | 100.00 |
| | 水功能区水质达标率（$C_{22}$） | 98.00 |
| | 城镇供水保障率（$C_{23}$） | 100.00 |
| | 农村自来水普及率（$C_{24}$） | 100.00 |
| | 万元工业增加值用水量目标控制程度（$C_{25}$） | 90.00 |
| | 灌溉用水保证率（$C_{26}$） | 100.00 |

续表

| 评价指标 | | 指标值 |
|---|---|---|
| 健康生态指数 ($B_3$) | 生态用水满足程度（$C_{31}$） | 90.00 |
| | 水生生物多样性指数（$C_{32}$） | 90.00 |
| | 生态岸线保有率（$C_{33}$） | 90.00 |
| | 滨岸带植被覆盖率（$C_{34}$） | 80.00 |
| | 水土流失治理率（$C_{35}$） | 75.00 |
| 环境宜居指数 ($B_4$) | 断面水质优良率（$C_{41}$） | 95.00 |
| | 湖库富营养化发生率（$C_{42}$） | 94.00 |
| | 亲水休闲适宜度（$C_{43}$） | 85.00 |
| | 垃圾分类集中处理率（$C_{44}$） | 97.00 |
| | 污水集中处理率（$C_{45}$） | 100.00 |
| | 环境整洁度（$C_{46}$） | 88.00 |
| 文化传承指数 ($B_5$) | 历史水文化遗产保护程度（$C_{51}$） | 98.00 |
| | 现代水文化创造创新指数（$C_{52}$） | 98.00 |
| | 水情教育普及程度（$C_{53}$） | 83.00 |
| | 河湖治理公众认知参与度（$C_{54}$） | 87.00 |
| 绿色富民指数 ($B_6$) | 生态产业化程度（$C_{61}$） | 87.00 |
| | 产业生态化程度（$C_{62}$） | 88.00 |
| | 居民可支配收入指数（$C_{63}$） | 91.00 |
| 管理智慧指数 ($B_7$) | 管护制度体系完善程度（$C_{71}$） | 98.00 |
| | 工程管护到位程度（$C_{72}$） | 90.00 |
| | 空间管护到位程度（$C_{73}$） | 80.00 |
| | 河长制执行程度（$C_{74}$） | 87.00 |
| | 信息化智能化水平（$C_{75}$） | 80.00 |
| | 公众参与程度（$C_{76}$） | 80.00 |
| 公众满意度 | | 96.00 |

（3）幸福指数及幸福等级。从群众调查表统计结果看出，排塘港的公众满意度达96，属于"非常满意"。对排塘港进行控制性评价，排塘港为防洪排涝型河道，其控制性指标为防洪能力达标率和排涝能力达标率。排塘港的防洪能力达标率和排涝能力达标率的得分均为100，表明完全满足防洪排涝要求，控制性评价达到要求。进一步综合考虑所有评价指标，应用课题组开发的"河湖幸福指数智能计算与幸福等级评价系统"开展协作性评价，评价排塘港的综合幸福状态（图5.4）。由图5.4可知，排塘港总体幸福指数为91.924，其幸福等级为

"非常幸福"。从结果看,排塘港幸福指数的各准则层存在一定的差异,其中持久安全指数、资源优配指数、环境宜居指数、文化传承指数较优,均达 90 以上,持久安全指数最高,为 100。相比较而言,健康生态指数、绿色富民指数、管理智慧指数较低,其中健康生态指数最低,为 85.13。因此,在后期建设中,可进一步加强健康生态指数、绿色富民指数、管理智慧指数三大模块的提升,尤其是需要提升河道的健康生态状况,提高涉水产业的绿色价值和质量。

| 河湖幸福指数智能计算与幸福等级评价系统 ||||
| --- | --- | --- | --- |
| 基本信息 ||||
| 河湖名称: | 排塘港 | 长度/面积: | 19.70km |
| 位 置: | 石淙镇 | 河(湖)长: | *** |
| 评价结果 ||||
| 河湖幸福指数: | 91.924 | 幸福等级: | 非常幸福 |
| 评价指标的指标值 ||||
| B1-持久安全指数: | 100.00 | B4-环境宜居指数: | 93.12 |
| C11-防洪能力达标率: | 100.00 | C41-断面水质优良率: | 95.00 |
| C12-排涝能力达标率: | 100.00 | C42-湖库富营养化发生率: | 94.00 |
| C13-纵向连通指数: | 100.00 | C43-亲水休闲适宜度: | 85.00 |
| B2-资源优配指数 | 98.08 | C44-垃圾分类处理率: | 97.00 |
| C21-饮用水水源水质达标率: | 100.00 | C45-污水集中处理率: | 100.00 |
| C22-水功能区水质达标率: | 98.00 | C46-环境整洁度: | 88.00 |
| C23-城镇供水保障率: | 100.00 | B5-文化传承指数: | 91.67 |
| C24-农村自来水普及率: | 100.00 | C51-历史水文化遗产保护度: | 98.00 |
| C25-万元工业增加值用水量目标控制程度: | 90.00 | C52-现代水文化创造创新指数: | 98.00 |
| C26-灌溉用水保证率: | 100.00 | C53-水情教育普及程度: | 83.00 |
| B3-健康生态指数: | 85.13 | C54-流域治理公众认知参与度: | 87.00 |
| C31-生态用水满足程度: | 90.00 | B7-管理智慧指数: | 86.30 |
| C32-水生生物多样性指数: | 90.00 | C71-管护制度体系完善程度: | 98.00 |
| C33-生态岸线保有率: | 90.00 | C72-工程管护到位程度: | 90.00 |
| C34-滨岸带植被覆盖率: | 80.00 | C73-空间管护到位程度: | 80.00 |
| C35-水土流失治理率: | 75.00 | C74-河长制执行程度: | 87.00 |
| B6-绿色富民指数: | 88.67 | C75-信息化智能化水平: | 80.00 |
| C61-生态产业化程度: | 87.00 | C76-公众参与程度: | 80.00 |
| C62-产业生态化指数: | 88.00 | 一票否决 | 非常满意 |
| C63-居民可支配收入指数: | 91.00 | 公众满意度 | 96.00 |

图 5.4　排塘港的幸福指数及幸福等级评价结果

3. 夹塘港的幸福指数及幸福等级

(1) 基本概况。夹塘港位于浙江省湖州市南浔区善琏镇,全长 3.954km (图 5.5)。2016 年以来,夹塘港开展了综合治理,治理河长 3.954km,营造水生态湿地 0.064km$^2$。其中,河道堤防加高加固 6.221km;湖漾清淤 0.031km$^3$,水系沟通工程水闸 1 座,新建生态护岸 2.357km,水生态系统修复 0.017km$^2$;航道养护新建护岸 6.221km,加固护岸 1.75km,航道疏浚 3.954km。通过河道清淤、水系沟通、水生态修复、绿化种植等措施,夹塘港综合治理有效增强了河湖水系的循环流动,提高了水体自净和生态修复能力,改善了水生生物栖息条件,增加了水生生物多样性,保护了河湖水域面积、河湖资源功能和生态功能,让山更青、水更绿,诗画江南更美丽。

图 5.5　南浔区善琏镇夹塘港

（2）评价指标的指标值。通过资料查阅、走访咨询、发放调查表，应用第 3 章幸福河湖评价指标的指标值计算方法，分析计算夹塘港幸福河湖评价指标与指标值，见表 5.9。

表 5.9　　　　　　　　夹塘港幸福河湖评价指标与指标值

| 评 价 指 标 | | 指标值 |
|---|---|---|
| 持久安全指数（$B_1$） | 防洪能力达标率（$C_{11}$） | 100.00 |
| | 排涝能力达标率（$C_{12}$） | 100.00 |
| | 纵向连通指数（$C_{13}$） | 100.00 |
| 资源优配指数（$B_2$） | 饮用水水源水质达标率（$C_{21}$） | 100.00 |
| | 水功能区水质达标率（$C_{22}$） | 98.00 |
| | 城镇供水保障率（$C_{23}$） | 100.00 |
| | 农村自来水普及率（$C_{24}$） | 100.00 |
| | 万元工业增加值用水量目标控制程度（$C_{25}$） | 91.00 |
| | 灌溉用水保证率（$C_{26}$） | 100.00 |
| 健康生态指数（$B_3$） | 生态用水满足程度（$C_{31}$） | 91.00 |
| | 水生生物多样性指数（$C_{32}$） | 89.00 |
| | 生态岸线保有率（$C_{33}$） | 88.00 |
| | 滨岸带植被覆盖率（$C_{34}$） | 82.00 |
| | 水土流失治理率（$C_{35}$） | 76.00 |
| 环境宜居指数（$B_4$） | 断面水质优良率（$C_{41}$） | 96.00 |
| | 湖库富营养化发生率（$C_{42}$） | 94.00 |
| | 亲水休闲适宜度（$C_{43}$） | 84.00 |

续表

| 评价指标 | | 指标值 |
| --- | --- | --- |
| 环境宜居指数<br>（$B_4$） | 垃圾分类集中处理率（$C_{44}$） | 95.00 |
| | 污水集中处理率（$C_{45}$） | 100.00 |
| | 环境整洁度（$C_{46}$） | 88.00 |
| 文化传承指数<br>（$B_5$） | 历史水文化遗产保护程度（$C_{51}$） | 98.00 |
| | 现代水文化创造创新指数（$C_{52}$） | 97.00 |
| | 水情教育普及程度（$C_{53}$） | 80.00 |
| | 河湖治理公众认知参与度（$C_{54}$） | 86.00 |
| 绿色富民指数<br>（$B_6$） | 生态产业化程度（$C_{61}$） | 88.00 |
| | 产业生态化程度（$C_{62}$） | 85.00 |
| | 居民可支配收入指数（$C_{63}$） | 92.00 |
| 管理智慧指数<br>（$B_7$） | 管护制度体系完善程度（$C_{71}$） | 95.00 |
| | 工程管理到位程度（$C_{72}$） | 90.00 |
| | 空间管护到位程度（$C_{73}$） | 88.00 |
| | 河长制执行程度（$C_{74}$） | 90.00 |
| | 信息化智能化水平（$C_{75}$） | 80.00 |
| | 公众参与程度（$C_{76}$） | 81.00 |
| 公众满意度 | | 96.00 |

（3）幸福指数及幸福等级。从群众调查表统计结果看出，夹塘港的公众满意度达96，属于"非常满意"。对夹塘港进行控制性评价，夹塘港为防洪型河道，其控制性指标为防洪能力达标率。夹塘港的防洪能力达标率的得分为100，表明完全满足防洪要求，控制性评价达到要求。进一步综合考虑所有评价指标，应用课题组开发的"河湖幸福指数智能计算与幸福等级评价系统"开展协作性评价，评价夹塘港的综合幸福状态（图5.6）。由图5.6可知，夹塘港总体幸福指数为91.915，其幸福等级为"非常幸福"。从结果看，夹塘港幸福指数的各准则层存在一定的差异，其中持久安全指数、资源优配指数、环境宜居指数、文化传承指数较优，均达90以上；持久安全指数最高，为100。相比较而言，健康生态指数、绿色富民指数、管理智慧指数较低，其中健康生态指数最低，为85.28。因此，在后期建设中，可进一步加强健康生态指数、绿色富民指数、管理智慧指数三大模块的提升，尤其是需要提升河道的健康生态状况，提高涉水产业的绿色价值和质量。

4. 冯家埭河的幸福指数及幸福等级

（1）基本概况。冯家埭河位于浙江省湖州市南浔区双林镇，长1.91km，平

## 第5章 浙江省湖州市南浔区幸福河湖评价

| 河湖幸福指数智能计算与幸福等级评价系统 ||||
|---|---|---|---|
| **基本信息** ||||
| 河湖名称： | 夹塘港 | 长度/面积： | 3.95km |
| 位　置： | 善琏镇 | 河(湖)长： | *** |
| **评价结果** ||||
| 河湖幸福指数： | 91.915 | 幸福等级： | 非常幸福 |
| **评价指标的指标值** ||||
| B1-持久安全指数： | 100.00 | B4-环境宜居指数： | 92.83 |
| C11-防洪能力达标率： | 100.00 | C41-断面水质优良率： | 96.00 |
| C12-排涝能力达标率： | 100.00 | C42-湖库富营养化发生率： | 94.00 |
| C13-纵向连通指数： | 100.00 | C43-亲水休闲适宜度： | 84.00 |
| B2-资源优配指数： | 98.23 | C44-垃圾分类处理率： | 95.00 |
| C21-饮用水水源水质达标率： | 100.00 | C45-污水集中处理率： | 100.00 |
| C22-水功能区水质达标率： | 98.00 | C46-环境整洁度： | 88.00 |
| C23-城镇供水保障率： | 100.00 | B5-文化传承指数： | 90.44 |
| C24-农村自来水普及率： | 100.00 | C51-历史水文化遗产保护程度： | 98.00 |
| C25-万元工业增加值用水量目标控制程度： | 91.00 | C52-现代水文化创造创新指数： | 97.00 |
| C26-灌溉用水保证率： | 100.00 | C53-水情教育普及程度： | 80.00 |
| B3-健康生态指数： | 85.28 | C54-流域治理公众认知参与度： | 86.00 |
| C31-生态用水满足程度： | 91.00 | B7-管理智慧指数： | 87.61 |
| C32-水生生物多样性指数： | 89.00 | C71-管护制度体系完善程度： | 95.00 |
| C33-生态岸线保有率： | 88.00 | C72-工程管护到位程度： | 90.00 |
| C34-滨岸带植被覆盖率： | 82.00 | C73-空间管控到位程度： | 88.00 |
| C35-水土流失治理率： | 76.00 | C74-河长制执行程度： | 90.00 |
| B6-绿色富民指数： | 88.41 | C75-信息化智能化水平： | 80.00 |
| C61-生态产业化程度： | 88.00 | C76-公众参与程度： | 81.00 |
| C62-产业生态化指数： | 85.00 | 一票否决 | 非常满意 |
| C63-居民可支配收入指数： | 92.00 | 公众满意度 | 96.00 |

图5.6　夹塘港的幸福指数及幸福等级评价结果

均宽度44.43m，水域面积0.0848km$^2$，水域容积22.4万m$^3$，主要功能为行洪排涝（图5.7）。2018年冯家埭河入选"百漾千河"综合治理工程，新建生态护岸约700m，人行栈桥1座，并设置树阵广场节点以及沿岸绿道等，供村民茶余饭后闲步小憩。

图5.7　南浔区双林镇冯家埭河

(2) 评价指标的指标值。通过资料查阅、走访咨询、发放调查表，应用第 3 章幸福河湖评价指标的指标值计算方法，分析计算冯家堼河幸福河湖评价指标与指标值，见表 5.10。

表 5.10　　　　　冯家堼河幸福河湖评价指标与指标值

| 评 价 指 标 | | 指标值 |
|---|---|---|
| 持久安全指数 ($B_1$) | 防洪能力达标率（$C_{11}$） | 100.00 |
| | 排涝能力达标率（$C_{12}$） | 100.00 |
| | 纵向连通指数（$C_{13}$） | 97.00 |
| 资源优配指数 ($B_2$) | 饮用水水源水质达标率（$C_{21}$） | 100.00 |
| | 水功能区水质达标率（$C_{22}$） | 92.00 |
| | 城镇供水保障率（$C_{23}$） | 100.00 |
| | 农村自来水普及率（$C_{24}$） | 100.00 |
| | 万元工业增加值用水量目标控制程度（$C_{25}$） | 90.00 |
| | 灌溉用水保证率（$C_{26}$） | 100.00 |
| 健康生态指数 ($B_3$) | 生态用水满足程度（$C_{31}$） | 90.00 |
| | 水生生物多样性指数（$C_{32}$） | 90.00 |
| | 生态岸线保有率（$C_{33}$） | 90.00 |
| | 滨岸带植被覆盖率（$C_{34}$） | 80.00 |
| | 水土流失治理率（$C_{35}$） | 78.00 |
| 环境宜居指数 ($B_4$) | 断面水质优良率（$C_{41}$） | 95.00 |
| | 湖库富营养化发生率（$C_{42}$） | 94.00 |
| | 亲水休闲适宜度（$C_{43}$） | 85.00 |
| | 垃圾分类集中处理率（$C_{44}$） | 93.00 |
| | 污水集中处理率（$C_{45}$） | 100.00 |
| | 环境整洁度（$C_{46}$） | 88.00 |
| 文化传承指数 ($B_5$) | 历史水文化遗产保护程度（$C_{51}$） | 95.00 |
| | 现代水文化创造创新指数（$C_{52}$） | 94.00 |
| | 水情教育普及程度（$C_{53}$） | 80.00 |
| | 河湖治理公众认知参与度（$C_{54}$） | 86.00 |
| 绿色富民指数 ($B_6$) | 生态产业化程度（$C_{61}$） | 82.00 |
| | 产业生态化程度（$C_{62}$） | 85.00 |
| | 居民可支配收入指数（$C_{63}$） | 90.00 |

续表

| 评价指标 | | 指标值 |
|---|---|---|
| 管理智慧指数 ($B_7$) | 管护制度体系完善程度（$C_{71}$） | 94.00 |
| | 工程管护到位程度（$C_{72}$） | 85.00 |
| | 空间管护到位程度（$C_{73}$） | 79.00 |
| | 河长制执行程度（$C_{74}$） | 88.00 |
| | 信息化智能化水平（$C_{75}$） | 80.00 |
| | 公众参与程度（$C_{76}$） | 78.00 |
| 公众满意度 | | 94.00 |

（3）幸福指数及幸福等级。从群众调查表统计结果看出，冯家埭河的公众满意度达94，属于"非常满意"。对冯家埭河进行控制性评价，冯家埭河为防洪排涝为主型河道，其控制性指标为防洪能力达标率和排涝能力达标率。冯家埭河的防洪能力达标率和排涝能力达标率两个控制性指标的得分均为100，表明完全满足防洪排涝要求，控制性评价达到要求。进一步综合考虑所有评价指标，应用课题组开发的"河湖幸福指数智能计算与幸福等级评价系统"开展协作性评价，评价冯家埭河的综合幸福状态（图5.8）。由图5.8可知，冯家埭河总体幸福指数为90.554，其幸福等级为"非常幸福"。从结果看，冯家埭河幸福指数的各准则层存在一定的差异，其中持久安全指数、资源优配指数、环境宜居指数、文化传承指数较优，均达90以上，持久安全指数最高，为99.03。相比较而言，健康生态指数、绿色富民指数、管理智慧指数较低，其中管理智慧指数最低，为84.46。因此，后期建设中，可进一步加强健康生态指数、绿色富民指数、管理智慧指数三大模块的提升，尤其是需要加强河道管护，提升河道的智慧化水平、空间管控能力，提高管理智慧能力。

5. 狄塔河的幸福指数及幸福等级

（1）基本概况。狄塔河位于浙江省湖州市南浔区练市镇，长度1.28km，平均宽度28.13m，水域面积0.0361km$^2$，水域容积5.78万 m$^3$，主要功能为行洪排涝、灌溉供水（图5.9）。2018年狄塔河入选南浔区"百漾千河"综合治理工程，新建生态砌块护岸约0.9km，松木桩护岸约0.15km，人行栈桥2座，并在小岛上打造以蚕文化为主题的休闲节点，修建环岛步道及亭廊水榭等景观构筑物。

（2）评价指标的指标值。通过资料查阅、走访咨询、发放调查表，应用第3章幸福河湖评价指标的指标值计算方法，分析计算狄塔河幸福河湖评价指标与指标值，见表5.11。

## 5.4 典型河湖幸福程度评价

| 河湖幸福指数智能计算与幸福等级评价系统 ||||
|---|---|---|---|
| 基本信息 ||||
| 河湖名称： | 冯家埭河 | 长度/面积： | 1.91km |
| 位 置： | 双林镇 | 河(湖)长： | *** |
| 评价结果 ||||
| 河湖幸福指数： | 90.554 | 幸福等级 | 非常幸福 |
| 评价指标的指标值 ||||
| B1-持久安全指数： | 99.03 | B4-环境宜居指数： | 92.50 |
| C11-防洪能力达标率： | 100.00 | C41-断面水质优良率： | 95.00 |
| C12-排涝能力达标率： | 100.00 | C42-湖库富营养化发生率： | 94.00 |
| C13-纵向连通指数： | 97.00 | C43-亲水休闲适宜度： | 85.00 |
| B2-资源优配指数 | 96.98 | C44-垃圾分类处理率： | 93.00 |
| C21-饮用水水源水质达标率： | 100.00 | C45-污水集中处理率： | 100.00 |
| C22-水功能区水质达标率： | 92.00 | C46-环境整洁度： | 88.00 |
| C23-城镇供水保障率： | 100.00 | B5-文化传承指数： | 88.90 |
| C24-农村自来水普及率： | 100.00 | C51-历史水文化遗产保护程度： | 95.00 |
| C25-万元工业增加值用水量目标控制程度： | 90.00 | C52-现代水文化创造创新指数： | 94.00 |
| C26-灌溉用水保证率： | 100.00 | C53-水情教育普及程度： | 80.00 |
| B3-健康生态指数： | 85.71 | C54-流域治理公众认知参与度： | 86.00 |
| C31-生态用水满足程度： | 90.00 | B7-管理智慧指数： | 84.46 |
| C32-水生生物多样性指数： | 90.00 | C71-管护制度体系完善程度： | 94.00 |
| C33-生态岸线保有率： | 90.00 | C72-工程管护到位程度： | 85.00 |
| C34-滨岸带植被覆盖率： | 80.00 | C73-空间管护到位程度： | 79.00 |
| C35-水土流失治理率： | 78.00 | C74-河长制执行程度： | 88.00 |
| B6-绿色富民指数： | 85.66 | C75-信息化智能化水平 | 80.00 |
| C61-生态产业化程度： | 82.00 | C76-公众参与程度： | 78.00 |
| C62-产业生态化指数： | 85.00 | 一票否决 | 非常满意 |
| C63-居民可支配收入指数： | 90.00 | 公众满意度 | 94.00 |

图 5.8 冯家埭河的幸福指数及幸福等级评价结果

图 5.9 南浔区练市镇狄塔河

表 5.11　　狄塔河幸福河湖评价指标与指标值

| 评价指标 | | 指标值 |
|---|---|---|
| 持久安全指数 ($B_1$) | 防洪能力达标率（$C_{11}$） | 100.00 |
| | 排涝能力达标率（$C_{12}$） | 100.00 |
| | 纵向连通指数（$C_{13}$） | 91.00 |
| 资源优配指数 ($B_2$) | 饮用水水源水质达标率（$C_{21}$） | 100.00 |
| | 水功能区水质达标率（$C_{22}$） | 93.00 |
| | 城镇供水保障率（$C_{23}$） | 100.00 |
| | 农村自来水普及率（$C_{24}$） | 100.00 |
| | 万元工业增加值用水量目标控制程度（$C_{25}$） | 90.00 |
| | 灌溉用水保证率（$C_{26}$） | 100.00 |
| 健康生态指数 ($B_3$) | 生态用水满足程度（$C_{31}$） | 95.00 |
| | 水生生物多样性指数（$C_{32}$） | 89.00 |
| | 生态岸线保有率（$C_{33}$） | 88.00 |
| | 滨岸带植被覆盖率（$C_{34}$） | 82.00 |
| | 水土流失治理率（$C_{35}$） | 72.00 |
| 环境宜居指数 ($B_4$) | 断面水质优良率（$C_{41}$） | 95.00 |
| | 湖库富营养化发生率（$C_{42}$） | 92.00 |
| | 亲水休闲适宜度（$C_{43}$） | 85.00 |
| | 垃圾分类集中处理率（$C_{44}$） | 96.00 |
| | 污水集中处理率（$C_{45}$） | 100.00 |
| | 环境整洁度（$C_{46}$） | 88.00 |
| 文化传承指数 ($B_5$) | 历史水文化遗产保护程度（$C_{51}$） | 100.00 |
| | 现代水文化创造创新指数（$C_{52}$） | 96.00 |
| | 水情教育普及程度（$C_{53}$） | 80.00 |
| | 河湖治理公众认知参与度（$C_{54}$） | 85.00 |
| 绿色富民指数 ($B_6$) | 生态产业化程度（$C_{61}$） | 84.00 |
| | 产业生态化程度（$C_{62}$） | 83.00 |
| | 居民可支配收入指数（$C_{63}$） | 91.00 |
| 管理智慧指数 ($B_7$) | 管护制度体系完善程度（$C_{71}$） | 93.00 |
| | 工程管护到位程度（$C_{72}$） | 79.00 |
| | 空间管护到位程度（$C_{73}$） | 80.00 |
| | 河长制执行程度（$C_{74}$） | 88.00 |
| | 信息化智能化水平（$C_{75}$） | 76.00 |
| | 公众参与程度（$C_{76}$） | 75.00 |
| 公众满意度 | | 95.00 |

(3) 幸福指数及幸福等级。从群众调查表统计结果看出,狄塔河的公众满意度达95,属于"非常满意"。对狄塔河进行控制性评价,狄塔河为排涝为主型河道,其控制性指标为排涝能力达标率。狄塔河的排涝能力达标率控制性指标的得分为100,表明完全满足排涝要求,控制性评价达到要求。进一步综合考虑所有评价指标,应用课题组开发的"河湖幸福指数智能计算与幸福等级评价系统"开展协作性评价,评价狄塔河的综合幸福状态(图5.10)。由图5.10可知,狄塔河总体幸福指数为90.191,其幸福等级为"非常幸福"。从结果看,狄塔河幸福指数的各准则层存在一定的差异,其中持久安全指数、资源优配指数、环境宜居指数、文化传承指数较优,均达90以上,资源优配指数最高,为97.17。相比较而言,健康生态指数、绿色富民指数、管理智慧指数较低,其中管理智慧指数最低,为82.27。因此,后期建设中,可进一步加强健康生态指数、绿色富民指数、管理智慧指数三大模块的提升,尤其是需要加强河道管护,提升河道的智慧化水平和工程管理,提高管理智慧能力。

| 河湖幸福指数智能计算与幸福等级评价系统 ||||
|---|---|---|---|
| 基本信息 ||||
| 河湖名称: | 狄塔河 | 长度/面积 | 1.28km |
| 位　　置: | 练市镇 | 河(湖)长: | *** |
| 评价结果 ||||
| 河湖幸福指数 | 90.191 | 幸福等级 | 非常幸福 |
| 评价指标的指标值 ||||
| B1-持久安全指数: | 97.08 | B4-环境宜居指数: | 92.60 |
| C11-防洪能力达标率: | 100.00 | C41-断面水质优良率: | 95.00 |
| C12-排涝能力达标率: | 100.00 | C42-湖库富营养化发生率: | 92.00 |
| C13-纵向连通指数: | 91.00 | C43-亲水休闲适宜度: | 85.00 |
| B2-资源优配指数: | 97.17 | C44-垃圾分类处理率: | 96.00 |
| C21-饮用水水源水质达标率: | 100.00 | C45-污水集中处理率: | 100.00 |
| C22-水功能区水质达标率: | 93.00 | C46-环境整洁度: | 88.00 |
| C23-城镇供水保障率: | 100.00 | B5-文化传承指数: | 90.46 |
| C24-农村自来水普及率: | 100.00 | C51-历史水文化遗产保护程度: | 100.00 |
| C25-万元工业增加值用水量目标控制程度: | 90.00 | C52-现代水文化创造创新指数: | 96.00 |
| C26-灌溉用水保证率: | 100.00 | C53-水情教育普及程度: | 80.00 |
| B3-健康生态指数: | 85.28 | C54-流域治理公众认知参与度: | 85.00 |
| C31-生态用水满足程度: | 95.00 | B7-管理智慧指数: | 82.27 |
| C32-水生生物多样性指数: | 89.00 | C71-管护制度体系完善程度: | 93.00 |
| C33-生态岸线保有率: | 88.00 | C72-工程管护到位程度: | 79.00 |
| C34-滨岸带植被覆盖率: | 82.00 | C73-空间管护到位程度: | 80.00 |
| C35-水土流失治理率: | 72.00 | C74-河长制执行程度: | 88.00 |
| B6-绿色富民指数: | 86.06 | C75-信息化智能化水平 | 76.00 |
| C61-生态产业化程度: | 84.00 | C76-公众参与一票否决 | 非常满意 |
| C62-产业生态化指数: | 83.00 | 一票否决 | 非常满意 |
| C63-居民可支配收入指数: | 91.00 | 公众满意度 | 95.00 |

图5.10 狄塔河的幸福指数及幸福等级评价结果

### 5.4.2 典型湖漾幸福指数计算及幸福等级评价

1. 金象湖的幸福指数及幸福等级

(1) 基本概况。金象湖位于浙江省湖州市南浔区南浔镇,水面面积

0.108km² (图 5.11)。金象湖通过开展水系整治，以自然地形为基础，人工开挖形成核心区域人工湖泊，并对湖区周边 5 条河道进行开挖疏浚，清除淤泥 20.4 万 m³，与周边水系及中心城区相贯通，形成了完整水系。再辅之以水生花卉植物、假山石驳岸等功能性点缀，营造出"人在水边走，水在脚边流"的亲水雅趣。在打造中心城区优美景观的同时，有效改善了中心城区水环境质量。金象湖是集休闲健身、文化娱乐、生态景观、城市客厅等多功能于一体的水域，通过金象湖水面与岛屿的虚实对比，在平面上构出金象大地景观，围绕中心湖，以植物造景、大地景观为手段，形成主题岛、庆典广场、儿童游乐区、生态广场、花港生态岛等五大景区。金象湖有效提升了南浔新区生态绿化景观、增添了南浔城市新特色新亮点、彰显了南浔文化底蕴，成为重要景观民生工程，已被评为"浙江省美丽河湖"。

图 5.11　南浔区南浔镇金象湖

（2）评价指标的指标值。通过资料查阅、走访咨询、发放调查表，应用第 3 章幸福河湖评价指标的指标值计算方法，分析计算金象湖幸福河湖评价指标与指标值，见表 5.12。

表 5.12　　　　　　　　金象湖幸福河湖评价指标与指标值

| 评　价　指　标 | | 指标值 |
| --- | --- | --- |
| 持久安全指数 ($B_1$) | 防洪能力达标率（$C_{11}$） | 100.00 |
| | 排涝能力达标率（$C_{12}$） | 100.00 |
| | 纵向连通指数（$C_{13}$） | 100.00 |
| 资源优配指数 ($B_2$) | 饮用水水源水质达标率（$C_{21}$） | 100.00 |
| | 水功能区水质达标率（$C_{22}$） | 100.00 |

## 5.4 典型河湖幸福程度评价

续表

| 评价指标 | | 指标值 |
|---|---|---|
| 资源优配指数 ($B_2$) | 城镇供水保障率（$C_{23}$） | 100.00 |
| | 农村自来水普及率（$C_{24}$） | 100.00 |
| | 万元工业增加值用水量目标控制程度（$C_{25}$） | 95.00 |
| | 灌溉用水保证率（$C_{26}$） | 100.00 |
| 健康生态指数 ($B_3$) | 生态用水满足程度（$C_{31}$） | 95.00 |
| | 水生生物多样性指数（$C_{32}$） | 90.00 |
| | 生态岸线保有率（$C_{33}$） | 92.00 |
| | 滨岸带植被覆盖率（$C_{34}$） | 90.00 |
| | 水土流失治理率（$C_{35}$） | 80.00 |
| 环境宜居指数 ($B_4$) | 断面水质优良率（$C_{41}$） | 100.00 |
| | 湖库富营养化发生率（$C_{42}$） | 98.00 |
| | 亲水休闲适宜度（$C_{43}$） | 95.00 |
| | 垃圾分类集中处理率（$C_{44}$） | 100.00 |
| | 污水集中处理率（$C_{45}$） | 100.00 |
| | 环境整洁度（$C_{46}$） | 88.00 |
| 文化传承指数 ($B_5$) | 历史水文化遗产保护程度（$C_{51}$） | 100.00 |
| | 现代水文化创造创新指数（$C_{52}$） | 100.00 |
| | 水情教育普及程度（$C_{53}$） | 85.00 |
| | 河湖治理公众认知参与度（$C_{54}$） | 86.00 |
| 绿色富民指数 ($B_6$) | 生态产业化程度（$C_{61}$） | 84.00 |
| | 产业生态化程度（$C_{62}$） | 89.00 |
| | 居民可支配收入指数（$C_{63}$） | 95.00 |
| 管理智慧指数 ($B_7$) | 管护制度体系完善程度（$C_{71}$） | 100.00 |
| | 工程管护到位程度（$C_{72}$） | 90.00 |
| | 空间管护到位程度（$C_{73}$） | 85.00 |
| | 河长制执行程度（$C_{74}$） | 90.00 |
| | 信息化智能化水平（$C_{75}$） | 80.00 |
| | 公众参与程度（$C_{76}$） | 80.00 |
| 公众满意度 | | 100.00 |

(3)幸福指数及幸福等级。从群众调查表统计看出，金象湖的公众满意度达100，属于"非常满意"。对金象湖进行控制性评价，金象湖为城市景观休闲为主型河道，其控制性指标为亲水休闲适宜度。金象湖的亲水休闲适宜度控制性指标的得分为95，表明完全满足居民景观休闲要求，控制性评价达到要求。进一步综合考虑所有评价指标，应用课题组开发的"河湖幸福指数智能计算与幸福等级评价系统"开展协作性评价，评价金象湖的综合幸福状态（图5.12）。由图5.12可知，金象湖总体幸福指数为93.729，其幸福等级为"非常幸福"。从结果看，金象湖幸福指数的各准则层存在一定的差异，其中持久安全指数、资源优配指数、环境宜居指数、文化传承指数较优，均达90以上，持久安全指数最高，为100。相比较而言，健康生态指数、绿色富民指数、管理智慧指数较低，其中健康生态指数、绿色富民指数也接近90，只有管理智慧指数稍低，为87.95。因此，在后期建设中，可进一步加强管理智慧指数模块的提升，加强河道管护，提升河道的智慧化水平和空间管控，鼓励居民参考。

| 河湖幸福指数智能计算与幸福等级评价系统 ||||
|---|---|---|---|
| 基本信息 ||||
| 河湖名称： | 金象湖 | 长度/面积： | 0.108km² |
| 位　置： | 南浔镇 | 河(湖)长： | *** |
| 评价结果 ||||
| 河湖幸福指数： | 93.729 | 幸福等级： | 非常幸福 |
| 评价指标的指标值 ||||
| B1-持久安全指数： | 100.00 | B4-环境宜居指数： | 97.02 |
| C11-防洪能力达标率： | 100.00 | C41-断面水质优良率： | 100.00 |
| C12-排涝能力达标率： | 100.00 | C42-湖库富营养化发生率： | 98.00 |
| C13-纵向连通指数： | 100.00 | C43-亲水休闲适宜度： | 95.00 |
| B2-资源优配指数 | 99.22 | C44-垃圾分类处理率： | 100.00 |
| C21-饮用水水源水质达标率： | 100.00 | C45-污水集中处理率： | 100.00 |
| C22-水功能区水质达标率： | 100.00 | C46-环境整洁度： | 88.00 |
| C23-城镇供水保障率： | 100.00 | B5-文化传承指数： | 92.95 |
| C24-农村自来水普及程度： | 100.00 | C51-历史水文化遗产保护度： | 100.00 |
| C25-万元工业增加值用水量目标控制程度： | 95.00 | C52-现代水文化创造创新指数： | 100.00 |
| C26-灌溉用水保证率： | 100.00 | C53-水情教育普及程度： | 85.00 |
| B3-健康生态指数： | 89.46 | C54-流域治理公众认知参与度： | 86.00 |
| C31-生态用水满足程度： | 95.00 | B7-管理智慧指数： | 87.95 |
| C32-水生生物多样性指数： | 90.00 | C71-管护制度体系完善程度： | 100.00 |
| C33-生态岸线保有率： | 92.00 | C72-工程管护到位度： | 90.00 |
| C34-滨岸带植被覆盖率： | 90.00 | C73-空间管护到位程度： | 85.00 |
| C35-水土流失治理率： | 80.00 | C74-河长制执行程度： | 90.00 |
| B6-绿色富民指数： | 89.31 | C75-信息化智能化水平 | 80.00 |
| C61-生态产业化程度： | 84.00 | C76-公众参与程度 | 80.00 |
| C62-产业生态化指数 | 89.00 | 一票否决 | 非常满意 |
| C63-居民可支配收入指数： | 95.00 | 公众满意度 | 100.00 |

图5.12　金象湖的幸福指数及幸福等级评价结果

2. 八殿漾的幸福指数及幸福等级

（1）基本概况。八殿漾位于浙江省湖州市南浔区菱湖镇，水域面积0.265km²，河面宽252～425m，漾底高程为－2.07～－1.27m，治理面积

图 5.13 南浔区菱湖镇八殿漾

0.259km² （图 5.13）。河道两岸大多为生产区，局部岸段为生活区，两岸地面标高为 3.12～4.62m。八殿漾属于外港，河道正常水位 1.30m，外港 20 年一遇水位 3.21m，主要承担排洪、航运、生态景观、休闲娱乐等功能。2017 年，八殿漾水系整治工程列入南浔区政府投资项目，经过整治，清淤面积 0.237km²，清淤量 15.69 万 m³，河道护岸完成了绿化施工，河道、滩地自然生态得到保护，河湖行洪排涝能力得到提升。

（2）评价指标的指标值。通过资料查阅、走访咨询、发放调查表，应用第 3 章幸福河湖评价指标的指标值计算方法，分析计算八殿漾幸福河湖评价指标与指标值，见表 5.13。

表 5.13　　　　　　八殿漾幸福河湖评价指标与指标值

| 评价指标 | | 指标值 |
|---|---|---|
| 持久安全指数 ($B_1$) | 防洪能力达标率（$C_{11}$） | 100.00 |
| | 排涝能力达标率（$C_{12}$） | 100.00 |
| | 纵向连通指数（$C_{13}$） | 95.00 |
| 资源优配指数 ($B_2$) | 饮用水水源水质达标率（$C_{21}$） | 100.00 |
| | 水功能区水质达标率（$C_{22}$） | 93.00 |
| | 城镇供水保障率（$C_{23}$） | 100.00 |
| | 农村自来水普及率（$C_{24}$） | 100.00 |
| | 万元工业增加值用水量目标控制程度（$C_{25}$） | 92.00 |
| | 灌溉用水保证率（$C_{26}$） | 100.00 |

续表

| 评价指标 | | 指标值 |
|---|---|---|
| 健康生态指数<br>($B_3$) | 生态用水满足程度（$C_{31}$） | 92.00 |
| | 水生生物多样性指数（$C_{32}$） | 90.00 |
| | 生态岸线保有率（$C_{33}$） | 89.00 |
| | 滨岸带植被覆盖率（$C_{34}$） | 82.00 |
| | 水土流失治理率（$C_{35}$） | 78.00 |
| 环境宜居指数<br>($B_4$) | 断面水质优良率（$C_{41}$） | 100.00 |
| | 湖库富营养化发生率（$C_{42}$） | 95.00 |
| | 亲水休闲适宜度（$C_{43}$） | 88.00 |
| | 垃圾分类集中处理率（$C_{44}$） | 93.00 |
| | 污水集中处理率（$C_{45}$） | 100.00 |
| | 环境整洁度（$C_{46}$） | 94.00 |
| 文化传承指数<br>($B_5$) | 历史水文化遗产保护程度（$C_{51}$） | 98.00 |
| | 现代水文化创造创新指数（$C_{52}$） | 96.00 |
| | 水情教育普及程度（$C_{53}$） | 79.00 |
| | 河湖治理公众认知参与度（$C_{54}$） | 80.00 |
| 绿色富民指数<br>($B_6$) | 生态产业化程度（$C_{61}$） | 86.00 |
| | 产业生态化程度（$C_{62}$） | 90.00 |
| | 居民可支配收入指数（$C_{63}$） | 91.00 |
| 管理智慧指数<br>($B_7$) | 管护制度体系完善程度（$C_{71}$） | 100.00 |
| | 工程管护到位程度（$C_{72}$） | 86.00 |
| | 空间管护到位程度（$C_{73}$） | 85.00 |
| | 河长制执行程度（$C_{74}$） | 93.00 |
| | 信息化智能化水平（$C_{75}$） | 80.00 |
| | 公众参与程度（$C_{76}$） | 80.00 |
| 公众满意度 | | 97.00 |

（3）幸福指数及幸福等级。从群众调查表统计结果看出，八殿漾的公众满意度达97，属于"非常满意"。对八殿漾进行控制性评价，八殿漾为乡村排涝和居民休闲主型河道，其控制性指标为排涝能力达标率和亲水休闲适宜度。八殿漾的排涝能力达标率和亲水休闲适宜度的得分分别为100和88，表明完全满足

排涝和居民休闲要求，控制性评价达到要求。进一步综合考虑所有评价指标，应用课题组开发的"河湖幸福指数智能计算与幸福等级评价系统"开展协作性评价，评价八殿漾的综合幸福状态（图5.14）。由图5.14可知，八殿漾总体幸福指数为92.026，其幸福等级为"非常幸福"。从结果看，八殿漾幸福指数的各准则层存在一定的差异，其中持久安全指数、资源优配指数、环境宜居指数较优，均达90以上，资源优配指数最高，为98.75。相比较而言，健康生态指数、文化传承指数绿色、富民指数、管理智慧指数较低，其中健康生态指数最低，为86.28。因此，在后期建设中，可进一步加强健康生态指数、文化传承指数、绿色富民指数、管理智慧指数四个模块的提升，尤其需加强健康生态的修复，提升湖漾的生态服务能力。

| 河湖幸福指数智能计算与幸福等级评价系统 ||||
|---|---|---|---|
| 基本信息 ||||
| 河湖名称： | 八殿漾 | 长度/面积 | 0.265km² |
| 位　　置： | 菱湖镇 | 河(湖)长 | *** |
| 评价结果 ||||
| 河湖幸福指数： | 92.026 | 幸福等级： | 非常幸福 |
| 评价指标的指标值 ||||
| B1-持久安全指数： | 98.38 | B4-环境宜居指数： | 95.04 |
| C11-防洪能力达标率： | 100.00 | C41-断面水质优良率： | 100.00 |
| C12-排涝能力达标率： | 100.00 | C42-湖库富营养化发生率： | 95.00 |
| C13-纵向连通指数： | 95.00 | C43-亲水休闲适宜度： | 88.00 |
| B2-资源优配指数： | 98.75 | C44-垃圾分类处理率： | 93.00 |
| C21-饮用水水源水质达标率： | 100.00 | C45-污水集中处理率： | 100.00 |
| C22-水功能区水质达标率： | 100.00 | C46-环境整洁度： | 94.00 |
| C23-城镇供水保障率： | 100.00 | B5-文化传承指数： | 88.49 |
| C24-农村自来水普及率： | 100.00 | C51-历史水文化遗产保护程度： | 98.00 |
| C25-万元工业增加值用水量目标控制程度： | 92.00 | C52-现代水文化创造创新指数： | 96.00 |
| C26-灌溉用水保证率： | 100.00 | C53-水情教育普及程度： | 79.00 |
| B3-健康生态指数： | 86.28 | C54-流域治理公众认知参与度： | 80.00 |
| C31-生态用水满足程度： | 92.00 | B7-管理智慧指数： | 87.81 |
| C32-水生物多样性指数： | 90.00 | C71-管护制度体系完善程度： | 100.00 |
| C33-生态岸线保有率： | 89.00 | C72-工程管护到位程度： | 86.00 |
| C34-滨岸带植被覆盖率： | 82.00 | C73-空间管护到位程度： | 85.00 |
| C35-水土流失治理率： | 78.00 | C74-河长制执行度： | 93.00 |
| B6-绿色富民指数： | 88.96 | C75-信息化管护水平 | 80.00 |
| C61-生态产业化程度： | 86.00 | C76-公众参与程度 | 80.00 |
| C62-产业生态化指数： | 90.00 | 一票否决 | 非常满意 |
| C63-居民可支配收入指数： | 91.00 | 公众满意度 | 97.00 |

图5.14　八殿漾的幸福指数及幸福等级评价结果

3. 和孚漾的幸福指数及幸福等级

（1）基本概况。和孚漾位于浙江省湖州市南浔区和孚镇，水域面积1.31km²，水域容积632万m³（图5.15）。和孚漾美丽河湖建设共完成湖漾及连通河道清淤土方141万m³；南岸修复宽度10m的芦苇湿地1.94km；漾中修建3个条状生态绿岛，生态绿岛种有荷花、美人蕉、黄菖蒲及再力花等植物，总面积5万m²；北岸沿湖种植观赏荷花总长1.23km，面积0.018km²，并修建栈桥、休憩垂钓平台、拱桥等生态系统保护工程。和孚漾为天然淡水湖，又称湖跌漾，位于浙江省湖州市和孚镇南侧，呈三角形，属海迹湖。水深2～3m，最深处7m，为东苕溪下游过水湖泊，经双林塘水道通往湖州东南各地。盛产鱼、虾，有调蓄洪水和灌溉之利。漾四周均有繁茂的桑园，间有鱼荡。游人四季可垂钓，秋冬还可看到渔民用网拉荡（捕鱼）时丰收的喜悦情景。和孚漾与横山漾东西相连成为"姐妹漾"，根据风景区规划，这里将开发成为江南水乡民俗游览区和水上运动度假村。和孚漾被评为"浙江省美丽河湖"。

图 5.15　南浔区和孚镇和孚漾

（2）评价指标的指标值。通过资料查阅、走访咨询、发放调查表，应用第3章幸福河湖评价指标的指标值计算方法，分析计算和孚漾幸福河湖评价指标与指标值，见表5.14。

表 5.14　　　　　　　和孚漾幸福河湖评价指标与指标值

| 评　价　指　标 | | 指标值 |
|---|---|---|
| 持久安全指数 ($B_1$) | 防洪能力达标率（$C_{11}$） | 100.00 |
| | 排涝能力达标率（$C_{12}$） | 100.00 |
| | 纵向连通指数（$C_{13}$） | 100.00 |
| 资源优配指数 ($B_2$) | 饮用水水源水质达标率（$C_{21}$） | 100.00 |
| | 水功能区水质达标率（$C_{22}$） | 95.00 |
| | 城镇供水保障率（$C_{23}$） | 100.00 |
| | 农村自来水普及率（$C_{24}$） | 100.00 |
| | 万元工业增加值用水量目标控制程度（$C_{25}$） | 92.00 |
| | 灌溉用水保证率（$C_{26}$） | 100.00 |

续表

| 评价指标 | | 指标值 |
|---|---|---|
| 健康生态指数（$B_3$） | 生态用水满足程度（$C_{31}$） | 100.00 |
| | 水生生物多样性指数（$C_{32}$） | 89.00 |
| | 生态岸线保有率（$C_{33}$） | 85.00 |
| | 滨岸带植被覆盖率（$C_{34}$） | 81.00 |
| | 水土流失治理率（$C_{35}$） | 80.00 |
| 环境宜居指数（$B_4$） | 断面水质优良率（$C_{41}$） | 100.00 |
| | 湖库富营养化发生率（$C_{42}$） | 100.00 |
| | 亲水休闲适宜度（$C_{43}$） | 88.00 |
| | 垃圾分类集中处理率（$C_{44}$） | 100.00 |
| | 污水集中处理率（$C_{45}$） | 100.00 |
| | 环境整洁度（$C_{46}$） | 84.00 |
| 文化传承指数（$B_5$） | 历史水文化遗产保护程度（$C_{51}$） | 100.00 |
| | 现代水文化创造创新指数（$C_{52}$） | 100.00 |
| | 水情教育普及程度（$C_{53}$） | 82.00 |
| | 河湖治理公众认知参与度（$C_{54}$） | 84.00 |
| 绿色富民指数（$B_6$） | 生态产业化程度（$C_{61}$） | 85.00 |
| | 产业生态化程度（$C_{62}$） | 86.00 |
| | 居民可支配收入指数（$C_{63}$） | 95.00 |
| 管理智慧指数（$B_7$） | 管护制度体系完善程度（$C_{71}$） | 100.00 |
| | 工程管护到位程度（$C_{72}$） | 85.00 |
| | 空间管护到位程度（$C_{73}$） | 78.00 |
| | 河长制执行程度（$C_{74}$） | 88.00 |
| | 信息化智能化水平（$C_{75}$） | 79.00 |
| | 公众参与程度（$C_{76}$） | 78.00 |
| 公众满意度 | | 100.00 |

（3）幸福指数及幸福等级。从群众调查表统计结果看出，和孚漾的公众满意度达100，属于"非常满意"。对和孚漾进行控制性评价，和孚漾为乡村排涝和居民休闲为主型河道，其控制性指标为排涝能力达标率和亲水休闲适宜度。和孚漾的排涝能力达标率和亲水休闲适宜度的得分分别为100和88，表明完全满足排涝和居民休闲要求，控制性评价达到要求。进一步综合考虑所有评价指标，应用课题组开发的"河湖幸福指数智能计算与幸福等级评价系统"开展协作性评价，评价和孚漾的综合幸福状态（图5.16）。由图5.16可知，和孚漾总体幸福指数为92.344，其幸福等级为"非常幸福"。从结果看，和孚漾幸福指数

的各准则层存在一定的差异,其中持久安全指数、资源优配指数、环境宜居指数较优、文化传承指数均达 90 以上,持久安全指数最高,为 100。相比较而言,健康生态指数、绿色富民指数、管理智慧指数较低,其中管理智慧指数最低,为 85.24。因此,后期建设中,可进一步加强健康生态指数、绿色富民指数、管理智慧指数三个模块的提升,尤其需加强管护,提升智慧化、空间管护能力,加强宣传,提升公众参与度。

| 河湖幸福指数智能计算与幸福等级评价系统 |||||
|---|---|---|---|---|
| 基本信息 |||||
| 河湖名称: || 和孚漾 | 长度/面积: | 1.31km² |
| 位　　置: || 和孚镇 | 河(湖)长: | *** |
| 评价结果 |||||
| 河湖幸福指数: || 92.344 | 幸福等级: | 非常幸福 |
| 评价指标的指标值 |||||
| B1-持久安全指数: || 100.00 | B4-环境宜居指数: | 95.58 |
| C11-防洪能力达标率: || 100.00 | C41-断面水质优良率: | 100.00 |
| C12-排涝能力达标率: || 100.00 | C42-湖库富营养化发生率: | 100.00 |
| C13-纵向连通指数: || 100.00 | C43-亲水休闲适宜度: | 88.00 |
| B2-资源优配指数: || 97.84 | C44-垃圾分类处理率: | 100.00 |
| C21-饮用水水源水质达标率: || 100.00 | C45-污水集中处理率: | 100.00 |
| C22-水功能区水质达标率: || 95.00 | C46-环境整洁度: | 84.00 |
| C23-城镇供水保障率: || 100.00 | B5-文化传承指数: | 91.73 |
| C24-农村自来水普及率: || 100.00 | C51-历史水文化遗产保护程度: | 100.00 |
| C25-万元工业增加值用水量目标控制程度: || 92.00 | C52-现代水文化创造创新指数: | 100.00 |
| C26-灌溉用水保证率: || 100.00 | C53-水情教育普及程度: | 82.00 |
| B3-健康生态指数: || 86.99 | C54-流域治理公众认知参与度: | 84.00 |
| C31-生态用水满足程度: || 100.00 | B7-管理智慧指数: | 85.24 |
| C32-水生生物多样性指数: || 89.00 | C71-管护制度体系完善程度: | 100.00 |
| C33-生态岸线保有率: || 85.00 | C72-工程管护到位程度: | 85.00 |
| C34-滨岸带植被覆盖率: || 81.00 | C73-空间管护到位程度: | 78.00 |
| C35-水土流失治理率: || 80.00 | C74-河长制执行度: | 88.00 |
| B6-绿色富民指数: || 88.71 | C75-信息化智能化水平: | 79.00 |
| C61-生态产业化程度: || 85.00 | C76-公众参与程度: | 78.00 |
| C62-产业生态化指数: || 86.00 | 一票否决 | 非常满意 |
| C63-居民可支配收入指数: || 95.00 | 公众满意度 | 100.00 |

图 5.16　和孚漾的幸福指数及幸福等级评价结果

4. 江蒋漾的幸福指数及幸福等级

(1) 基本概况。江蒋漾位于浙江南浔经济开发区,水域面积 0.161km²,水域容积 25.8 万 m³,平均水深 1.78m,最高蓄水位 2.98m,主要功能为行洪排涝(图 5.17)。依托江蒋漾生态治理工程,通过景观修建,建成了江蒋漾公园。江蒋漾公园总面积 0.157km²,其中水体 0.009km²、园地 0.148km²,园内布设了景观小品、广场和道路铺装以及配套服务设施等,包括滨水景观区、入口景观区、休闲活动区、全年龄运动区等四大功能区。江蒋漾公园环境优美,进而通过水系整治,形成与周边水系及中心城区相贯通的完整水系,提升河湖行洪排涝能力。在建设过程中,充分挖掘湖漾沿线的人文历史景观,将沿线名胜古迹与特色文化串点成线,带动周边的文化产业发展。进一步完善了城区基础设施，提升了城区整体面貌和品位，成为南浔未来旅游公园门户之一。

图 5.17 浙江南浔经济开发区江蒋漾

（2）评价指标的指标值。通过资料查阅、走访咨询、发放调查表，应用第 3 章幸福河湖评价指标的指标值计算方法，分析计算江蒋漾幸福河湖评价指标与指标值，见表 5.15。

表 5.15　　　　　　　江蒋漾幸福河湖评价指标与指标值

| 评 价 指 标 | | 指标值 |
| --- | --- | --- |
| 持久安全指数<br>（$B_1$） | 防洪能力达标率（$C_{11}$） | 100.00 |
| | 排涝能力达标率（$C_{12}$） | 100.00 |
| | 纵向连通指数（$C_{13}$） | 100.00 |
| 资源优配指数<br>（$B_2$） | 饮用水水源水质达标率（$C_{21}$） | 100.00 |
| | 水功能区水质达标率（$C_{22}$） | 98.00 |
| | 城镇供水保障率（$C_{23}$） | 100.00 |
| | 农村自来水普及率（$C_{24}$） | 100.00 |
| | 万元工业增加值用水量目标控制程度（$C_{25}$） | 90.00 |
| | 灌溉用水保证率（$C_{26}$） | 100.00 |
| 健康生态指数<br>（$B_3$） | 生态用水满足程度（$C_{31}$） | 90.00 |
| | 水生生物多样性指数（$C_{32}$） | 90.00 |
| | 生态岸线保有率（$C_{33}$） | 80.00 |
| | 滨岸带植被覆盖率（$C_{34}$） | 80.00 |
| | 水土流失治理率（$C_{35}$） | 75.00 |

续表

| 评价指标 | | 指标值 |
|---|---|---|
| 环境宜居指数（$B_4$） | 断面水质优良率（$C_{41}$） | 100.00 |
| | 湖库富营养化发生率（$C_{42}$） | 100.00 |
| | 亲水休闲适宜度（$C_{43}$） | 85.00 |
| | 垃圾分类集中处理率（$C_{44}$） | 100.00 |
| | 污水集中处理率（$C_{45}$） | 100.00 |
| | 环境整洁度（$C_{46}$） | 88.00 |
| 文化传承指数（$B_5$） | 历史水文化遗产保护程度（$C_{51}$） | 100.00 |
| | 现代水文化创造创新指数（$C_{52}$） | 100.00 |
| | 水情教育普及程度（$C_{53}$） | 80.00 |
| | 河湖治理公众认知参与度（$C_{54}$） | 84.00 |
| 绿色富民指数（$B_6$） | 生态产业化程度（$C_{61}$） | 87.00 |
| | 产业生态化程度（$C_{62}$） | 88.00 |
| | 居民可支配收入指数（$C_{63}$） | 91.00 |
| 管理智慧指数（$B_7$） | 管护制度体系完善程度（$C_{71}$） | 100.00 |
| | 工程管护到位程度（$C_{72}$） | 80.00 |
| | 空间管护到位程度（$C_{73}$） | 73.00 |
| | 河长制执行程度（$C_{74}$） | 88.00 |
| | 信息化智能化水平（$C_{75}$） | 80.00 |
| | 公众参与程度（$C_{76}$） | 75.00 |
| 公众满意度 | | 98.00 |

（3）幸福指数及幸福等级。从群众调查表统计结果看出，江蒋漾的公众满意度达98，属于"非常满意"。对江蒋漾进行控制性评价，江蒋漾为城郊排涝和居民休闲为主型河道，其控制性指标为排涝能力达标率和亲水休闲适宜度。江蒋漾的排涝能力达标率和亲水休闲适宜度的得分分别为100和85，表明完全满足排涝和居民休闲要求，控制性评价达到要求。进一步综合考虑所有评价指标，应用课题组开发的"河湖幸福指数智能计算与幸福等级评价系统"开展协作性评价，评价江蒋漾的综合幸福状态（图5.18）。由图5.18可知，江蒋漾总体幸福指数为91.842，其幸福等级为"非常幸福"。从结果看，和孚漾幸福指数的各准则层存在一定的差异，其中持久安全指数、资源优配指数、环境宜居指数较优、文化传承指数均达90以上，持久安全指数最高，为100。相比较而言，健康生态指数、绿色富民指数、管理智慧指数较低，其中管理智慧指数最低，为83.39。因此，在后期建设中，可进一步加强健康生态指数、绿色富民指数、管

理智慧指数三个模块的提升，尤其需加强管护，提升智慧化、空间管护能力，加强宣传，提升公众参与度。

| 河湖幸福指数智能计算与幸福等级评价系统 |||||
|---|---|---|---|---|
| 基本信息 |||||
| 河湖名称： | 江蒋漾 || 长度/面积 | 0.161km² |
| 位　　置： | 经开区 || 河(湖)长 | *** |
| 评价结果 |||||
| 河湖幸福指数： | 91.842 || 幸福等级 | 非常幸福 |
| 评价指标的指标值 |||||
| B1-持久安全指数： | 100.00 || B4-环境宜居指数： | 95.64 |
| C11-防洪能力达标率： | 100.00 || C41-断面水质优良率： | 100.00 |
| C12-排涝能力达标率： | 100.00 || C42-湖库富营养化发生率： | 100.00 |
| C13-纵向连通指数： |  || C43-亲水休闲适宜度： | 85.00 |
| B2-资源优配指数 | 98.08 || C44-垃圾分类处理率： | 100.00 |
| C21-饮用水水源水质达标率： | 100.00 || C45-污水集中处理率： | 100.00 |
| C22-水功能区水质达标率： | 98.00 || C46-环境整洁度： | 88.00 |
| C23-城镇供水保障率： | 100.00 || B5-文化传承指数： | 91.73 |
| C24-农村自来水普及率： | 100.00 || C51-历史水文化遗产保护程度： | 100.00 |
| C25-万元工业增加值用水量目标控制程度： | 90.00 || C52-现代水文化创造创新指数： | 100.00 |
| C26-灌溉用水保证率： | 100.00 || C53-水情教育普及程度： | 80.00 |
| B3-健康生态指数： | 85.13 || C54-流域治理公众认知参与度： | 86.00 |
| C31-生态用水满足程度： | 90.00 || B7-管理智慧指数： | 83.39 |
| C32-水生生物多样性指数： | 90.00 || C71-管护制度体系完善程度： | 100.00 |
| C33-生态岸线保有率： | 90.00 || C72-工程管护到位程度： | 80.00 |
| C34-滨岸带植被覆盖率： | 80.00 || C73-空间管护到位程度： | 73.00 |
| C35-水土流失治理率： | 75.00 || C74-河长制执行程度： | 88.00 |
| B6-绿色富民指数 | 88.67 || C75-信息化智能化水平 | 80.00 |
| C61-生态产业化指数： | 87.00 || C76-公众参与程度 | 75.00 |
| C62-产业生态化指数： | 88.00 || 一票否决 | 非常满意 |
| C63-居民可支配收入指数 | 91.00 || 公众满意度 | 98.00 |

图 5.18　江蒋漾的幸福指数及幸福等级评价结果

5. 义家漾的幸福指数及幸福等级

（1）基本概况。义家漾位于浙江省湖州市南浔区旧馆镇，水域面积 0.61km²（图 5.19）。义家漾周边共有 5 个自然村，约 400 余村民在此生产生活，周边地区主要以水稻种植、渔业养殖为主。湖漾周边共有耕地 880 亩❶，主要用于水稻种植、桑树种植、水塘养殖，其中耕地 450 亩，桑地 180 亩、渔业养殖 250 亩。义家漾涉湖构筑物主要包括堤防、泵站、桥梁等，其中堤防 4.5km，泵站 2 个，桥梁 2 座。2018 年义家漾综合治理工程列入南浔区政府投资项目，主要建设内容为新建复式堤防 3.5km，人行栈桥 2 座，并增设绿道系统连接水岸空间；漾东南侧则是在建面积约 200 亩的滨水花海公园。

（2）评价指标的指标值。通过资料查阅、走访咨询、发放调查表，应用第 3 章幸福河湖评价指标的指标值计算方法，分析计算义家漾幸福河湖评价指标与指标值，见表 5.16。

---

❶　1 亩＝0.0667hm²。

图 5.19 南浔区旧馆镇义家漾

表 5.16　　义家漾幸福河湖评价指标与指标值

| 评价指标 | | 指标值 |
|---|---|---|
| 持久安全指数（$B_1$） | 防洪能力达标率（$C_{11}$） | 100.00 |
| | 排涝能力达标率（$C_{12}$） | 100.00 |
| | 纵向连通指数（$C_{13}$） | 95.00 |
| 资源优配指数（$B_2$） | 饮用水水源水质达标率（$C_{21}$） | 100.00 |
| | 水功能区水质达标率（$C_{22}$） | 94.00 |
| | 城镇供水保障率（$C_{23}$） | 100.00 |
| | 农村自来水普及率（$C_{24}$） | 100.00 |
| | 万元工业增加值用水量目标控制程度（$C_{25}$） | 91.00 |
| | 灌溉用水保证率（$C_{26}$） | 100.00 |
| 健康生态指数（$B_3$） | 生态用水满足程度（$C_{31}$） | 89.00 |
| | 水生生物多样性指数（$C_{32}$） | 91.00 |
| | 生态岸线保有率（$C_{33}$） | 84.00 |
| | 滨岸带植被覆盖率（$C_{34}$） | 81.00 |
| | 水土流失治理率（$C_{35}$） | 78.00 |
| 环境宜居指数（$B_4$） | 断面水质优良率（$C_{41}$） | 100.00 |
| | 湖库富营养化发生率（$C_{42}$） | 94.00 |
| | 亲水休闲适宜度（$C_{43}$） | 86.00 |
| | 垃圾分类集中处理率（$C_{44}$） | 95.00 |
| | 污水集中处理率（$C_{45}$） | 100.00 |
| | 环境整洁度（$C_{46}$） | 87.00 |

续表

| 评价指标 | | 指标值 |
|---|---|---|
| 文化传承指数<br>（$B_5$） | 历史水文化遗产保护程度（$C_{51}$） | 100.00 |
| | 现代水文化创造创新指数（$C_{52}$） | 100.00 |
| | 水情教育普及程度（$C_{53}$） | 83.00 |
| | 河湖治理公众认知参与度（$C_{54}$） | 84.00 |
| 绿色富民指数<br>（$B_6$） | 生态产业化程度（$C_{61}$） | 84.00 |
| | 产业生态化程度（$C_{62}$） | 82.00 |
| | 居民可支配收入指数（$C_{63}$） | 90.00 |
| 管理智慧指数<br>（$B_7$） | 管护制度体系完善程度（$C_{71}$） | 98.00 |
| | 工程管护到位程度（$C_{72}$） | 85.00 |
| | 空间管护到位程度（$C_{73}$） | 83.00 |
| | 河长制执行程度（$C_{74}$） | 88.00 |
| | 信息化智能化水平（$C_{75}$） | 75.00 |
| | 公众参与程度（$C_{76}$） | 80.00 |
| 公众满意度 | | 95.00 |

（3）幸福指数及等级。从群众调查表统计看出，江蒋漾的公众满意度达95，属于"满意"。对义家漾进行控制性评价，义家漾为城郊排涝和居民休闲为主型河道，其控制性指标为排涝能力达标率和亲水休闲适宜度。义家漾的排涝能力达标率和亲水休闲适宜度的得分分别为100和86，表明完全满足排涝和居民休闲要求，控制性评价达到要求。进一步综合考虑所有评价指标，应用课题组开发的"河湖幸福指数智能计算与幸福等级评价系统"开展协作性评价，评价义家漾的综合幸福状态（图5.20）。由图5.20可知，义家漾总体幸福指数为90.999，其幸福等级为"非常幸福"。从结果看，义家漾幸福指数的各准则层存在一定的差异，其中持久安全指数、资源优配指数、环境宜居指数较优、文化传承指数均达90以上，持久安全指数最高，为100。相比较而言，健康生态指数、绿色富民指数、管理智慧指数较低，其中健康生态指数最低，为84.63。因此，在后期建设中，可进一步加强健康生态指数、绿色富民指数、管理智慧指数三个模块的提升，尤其需加强生态修复，提高生物多样性，提升湖漾生态系统的健康指数和生态服务能力。

### 5.4.3 总体评价结论与建议

1. 总体评价结论

从10个典型河湖的评价结果看，河湖的平均幸福指数为91.745，河流的平

# 第5章 浙江省湖州市南浔区幸福河湖评价

| 河湖幸福指数智能计算与幸福等级评价系统 |||||
|---|---|---|---|---|
| 基本信息 |||||
| 河湖名称： || 义家漾 | 长度/面积： | 0.61km² |
| 位　置： || 旧馆镇 | 河(湖)长： | *** |
| 评价结果 |||||
| 河湖幸福指数： || 90.999 | 幸福等级： | 非常幸福 |
| 评价指标的指标值 |||||
| B1-持久安全指数： || 98.38 | B4-环境宜居指数： | 93.80 |
| C11-防洪能力达标率： || 100.00 | C41-断面水质优良率： | 100.00 |
| C12-排涝能力达标率： || 100.00 | C42-湖库富营养化发生率： | 94.00 |
| C13-纵向连通指数： || 95.00 | C43-亲水休闲适宜度： | 86.00 |
| B2-资源优配指数： || 97.50 | C44-垃圾分类处理率： | 95.00 |
| C21-饮用水水源水质达标率： || 100.00 | C45-污水集中处理率： | 100.00 |
| C22-水功能区水质达标率： || 94.00 | C46-环境整洁度： | 87.00 |
| C23-城镇供水保障率： || 100.00 | B5-文化传承指数： | 91.98 |
| C24-农村自来水普及率： || 100.00 | C51-历史水文化遗产保护程度： | 100.00 |
| C25-万元工业增加值用水量目标控制程度： || 91.00 | C52-现代水文化创造创新指数： | 100.00 |
| C26-灌溉用水保证率： || 100.00 | C53-水情教育普及程度： | 83.00 |
| B3-健康生态指数： || 84.63 | C54-流域治理公众认知参与度： | 84.00 |
| C31-生态用水满足程度： || 89.00 | B7-管理智慧指数： | 85.21 |
| C32-水生生物多样性指数： || 91.00 | C71-管护制度体系完善程度： | 98.00 |
| C33-生态岸线保有率： || 84.00 | C72-工程管护到位程度： | 85.00 |
| C34-滨岸带植被覆盖率： || 81.00 | C73-空间管护到位程度： | 83.00 |
| C35-水土流失治理率： || 78.00 | C74-河长制执行程度： | 88.00 |
| B6-绿色富民指数： || 85.40 | C75-信息化智能化水平： | 75.00 |
| C61-生态产业化程度： || 84.00 | C76-公众参与程度： | 80.00 |
| C62-产业生态化指数： || 82.00 | 一票否决 | 非常满意 |
| C63-居民可支配收入指数： || 90.00 | 公众满意度 | 95.00 |

图 5.20　义家漾的幸福指数及幸福等级评价结果

均幸福指数为 91.302，湖漾的平均幸福指数为 92.188，均属于"非常幸福"的等级，湖漾的幸福指数略大于河流的幸福指数。从各准则层指数看，差异性较大，总体而言，河流或湖漾的持久安全指数、资源优配指数、环境宜居指数、健康生态指数、文化传承指数基本都能达 90 以上，表明安全、资源、环境、生态、文化传承方面均较优。从现实看，各代表性河湖在防洪排涝、水资源供给保障、水生态环境治理、水文化保护及传承等方面成效显著，极大地增强了人们的幸福感，为提高区域水安全水平、水系生态环境质量、人们生活品质、文旅产业发展能力发挥了重要作用。但是，与其他准则层相比较，绿色富民指数、管理智慧指数均较低。因此，后期建设中，可进一步加强绿色富民指数、管理智慧指数的提升，尤其需加强管护，提升智慧化、空间管护能力，加强宣传，提升公众参与度。有部分河湖存在健康生态指数较低的情况，这主要是由于水体富营养、生物多样性等导致的健康生态指数较低。对于这类河湖，需加强生态修复，提高生物多样性，提升湖漾生态系统的健康指数和生态服务能力。

2. 主要建议

虽然南浔区在河湖治理、管理及探索等方面取得了较为理想的成绩，河湖幸福指数得到了显著提高，但仍存在幸福指标不均衡、部分指标略低等不足，因此下阶段需进一步推进幸福河湖建设和管理。

(1) 进一步重视"水"品牌的建设。南浔因水而兴,以水相承,水文化积淀深厚,富有特色。南浔幸福河湖建设需重视以水主体的产品开发,打造富有影响力的"水"品牌。要深入挖掘并有效整合全域水文化资源,开发以水为特色的文旅产品,充分展示南浔深厚文化底蕴和水乡风采,并为水利工作者搭建施展才华的崭新舞台。

(2) 加强多部门高效协调联动。幸福河湖的创建以水利工程建设为主,同时要有环境工程、交通工程、土地整治工程、文化旅游工程建设为补充,因此需要加强水利、国土、环保、农业、交通、城建、旅游、文化、规划、发展改革等各部门的联合联动,全面推进南浔幸福河湖的创建。

(3) 注重幸福河湖的持续治理。幸福河湖建设不是一项一蹴而就的工作,而是一项需要几代水利人不懈努力的历史使命。要不断进行幸福河湖评价,科学分析评价结果,合理提出可持续发展、不断改进的意见和建议,最大程度发挥幸福河湖建设的综合效益。

(4) 加强"产学研"平台搭建。南浔幸福河湖建设过程中必定会遇到涉及水安全、水环境、水文化的科学问题。南浔区各级政府和各部需积极与相关高校、科研院所联系、沟通,依托南浔区的资源和优势,建立"产学研"基地或平台。在解决当地实际问题的前提下,注重人才培养和科学研究,为南浔区经济社会发展提供智力保障。

(5) 继续推进规范的宣传和推广应用。建议通过宣传发动、人员培训、申报考评、结果运用四个阶段进行标准规范的贯彻落实工作。在宣传发动阶段,通过动员大会、标准宣讲、广播、电视、网络、"世界水日"主题活动等多种形式,广泛宣传,营造浓厚的争创氛围。在人员培训阶段,组织各河湖管理单位及相关人员开展学习培训,使河湖建设管理部门能够理解南浔区制定的地方标准中规定的各项技术要求,并将其真正应用到河湖治理工作中。在申报考评阶段,各河湖管理单位自主填写《幸福河湖创评考核申报表》,经湖州市南浔区水利局评价、审核、批准、公示。在结果运用阶段,针对幸福河湖的考评结果,落实推优表彰等方面的激励嘉许政策,持续推进幸福河湖建设及评价工作。

# 第6章 浙江省湖州市南浔区幸福河湖建设措施

浙江省湖州市南浔区为典型平原水网区，承泄本地涝水及苕溪流域东泄分洪洪水的压力较大，河湖治理一直是南浔区政府工作重点之一。近年来，南浔区开展了"百漾千河"为典型的美丽河湖综合治理工程，取得了明显成效。2019年以来，南浔区按照幸福河湖内涵，开展了全区幸福河湖状况评价，根据评估结果，谋划了幸福河湖建设内容和具体措施，明确了幸福河湖建设总体目标、布局和特色项目，提出了主要特色类型幸福河湖的建设措施，编制了《加快水利多元融合助推经济跨越发展 南浔区幸福河湖内涵挖掘与特色项目谋划》《南浔区幸福河湖特色项目行动方案（2020—2025）》，为全区经济社会高质量发展提供了强力支撑。

## 6.1 总体目标与布局

### 6.1.1 总体目标

按照"节水优先、空间均衡、系统治理、两手发力"的治水思路和"防洪保安全、优质水资源、健康水生态、宜居水环境"的河湖治理要求，顺应人民群众新期盼，系统推进河湖综合治理，补齐防洪排涝"短板"，有效改善河湖水生态环境，持续提升水资源保障水平，永续传承河湖历史文化，加快推进水经济融合发展，切实将河湖资源转化为绿色发展新动能，把南浔区河湖建设成为造福人民的幸福河湖。

（1）构建南浔"五化"幸福河湖新格局。到2025年末，全区水安全保障能力持续提高，水生态环境质量持续改善，水管理能力明显提升，水资源配置能力继续优化，水利富民手段丰富多样，"河湖安全保障化、河湖生态健康化、河水供给资源化、河湖管理法治化、河湖产业融合化"的南浔"五化"幸福河湖格局基本形成，构建"安全河、生态河、智慧河、财富河、民生河"的现代化幸福河湖新格局，人民群众满意度和幸福感显著提高。

（2）打造南浔特色幸福河湖新品牌。丰富幸福河湖内涵，挖掘幸福河湖地域特点，开发以"水"为特色的农林文旅系列产品，打造南浔"水"品牌，再现"水晶晶南浔"诗韵，创新"水乡古镇"特色。

(3) 建成平原河网幸福河湖新典范。建成一批"安澜、生态、宜居、民生、文明"的南浔特色幸福河湖，形成有特色的全省平原河网幸福河湖建设样板和典范，创建全国首批幸福河湖建管示范区。

南浔区幸福河湖建设主要遵循以下 6 方面的基本原则：

(1) 以人为本，安全为要。以不断满足人民群众对平安河湖、健康河湖、宜居河湖、富民河湖的新需求为根本开展幸福河湖建设，突出幸福河湖建设在水灾害预防和水资源供应中的重要作用，把保护人民生命财产安全放在幸福河湖建设的首要位置。

(2) 生态优先，绿色发展。锚固生态基底、厚植生态优势、牢固树立尊重自然、顺应自然、保护自然、可持续发展的生态文明理念，正确处理河湖管理保护与开发利用之间的关系，走生态经济发展道路，凸显江南水乡的自然生态之美，促进河湖功能的全面体现和综合效益的发挥。

(3) 文化引领，追求品质。深入研究河湖特色，挖掘河湖历史典故和文化遗存，在幸福河湖建设中充分体现地方风貌，营造人文氛围，不断提升幸福河湖的"软实力"，使幸福河湖成为传承地方民俗风情的新节点、提升当地居民生活品质的新载体。

(4) 两手发力，共建共享。构建系统完备、科学规范、高效运行的幸福河湖建设与管理制度体系，充分发挥政府主导和市场配置作用，调动公众参与意识，共同建设，协同管理，共享成果。遵循先进科学理念，采用先进科学技术，形成"智慧治水""智慧管水"的现代化幸福河湖建管工作新局面。

(5) 顶层设计，系统建设。遵循"山水林田湖草生命共同体"理念，统筹城镇与乡村、陆域与水域，注重规划设计，综合施策、系统施策、科学施策，高质量推进全区幸福河湖建设。

(6) 因地制宜，分步实施。针对不同区域幸福河湖基础条件、功能特点的差异，确定相应的建设管理措施，正确处理好"求同"与"存异"的关系。根据全区幸福河湖总体布局，分清主次，统一部署，分阶段实施建设，最终实现幸福河湖建设目标。

## 6.1.2 总体布局

根据新形势和新要求，在现有"五化"幸福河理念的基础上，结合美丽城镇、美丽乡村建设，服务"一个旅游度假区、两条水陆景观带、三大乡村游板块、多个精品示范点"的"1+2+3+N"总体发展要求，依据南浔区幸福河湖的概念和内涵，全面挖掘河湖自然禀赋、历史积淀、人文特色，按照"全面打造、分层推进、突出重点、形成特色"的总体思路，在南浔全域创建 10 大类 100 条（个）幸福河湖［每一类型各 10 条（个）幸福河湖］，形成"十全十美"的南浔"五化"幸福河湖总体格局（表 6.1）。

# 第6章 浙江省湖州市南浔区幸福河湖建设措施

表6.1 "五化"幸福河湖升级版——南浔"十全十美"幸福河湖总体格局

| 类 型 | 特 色 | 实 施 区 域 |
| --- | --- | --- |
| "安全保障"型 | 发展保障，幸福基石 | 南浔大城防保障区、旧馆中心圩区、练市中心圩区、双林跳家山圩区、菱湖中心城防区、和孚草田圩区、善琏善含中心圩区、千金排东排西圩区、石淙中心圩区、南浔横街圩区 |
| "生态保护"型 | 自然和谐，幸福屏障 | 金象湖、沈庄漾、和孚漾、义家漾、金鱼漾、上坡塘漾、大家滩漾、横山漾、双福漾、慎家漾 |
| "水美乡村"型 | 水美乡村，幸福家园 | 练市镇荃步村、练市镇松亭村、双林镇向阳村、菱湖镇菱东村、和孚镇民当村、善琏镇含山村、旧馆镇三桥村、千金镇商墓村、开发区东上林村、石淙镇花园湾村 |
| "滨水健身"型 | 天然氧吧，幸福廊道 | 頔塘南浔段、白米塘、月明塘、顾家塘、丁泾塘、新开河、阳安塘、沙浦港、练市塘西段、龙溪故道 |
| "亲水度假"型 | 亲水度假，幸福源泉 | 息塘采菊东篱小镇、城南上海小镇、千金福荫童心小镇、含山蚕花小镇、石淙花海、姚塘漾湿地公园、后庄漾、荻港渔庄、江蒋漾 |
| "乐水运动"型 | 水上运动，幸福动力 | 甲午塘划船运动体验区、息塘划艇运动体验区、金象湖水上运动中心、和孚漾水上摩托艇运动体验区、沈庄漾赛艇运动中心、西白漾水上自行车运动体验区、金家漾游泳运动区、新荻村水上运动体验中心、横山漾赛艇运动中心、丁汀塘划艇体验运动区 |
| "古镇景观"型 | 历史画卷，幸福水景 | 南浔古镇、南浔镇息塘古村、南浔镇辑里古村、练市古镇、双林古镇、双林镇西阳古村、菱湖镇下昂古村、菱湖镇朱家坝古村、和孚镇荻港古村、旧馆镇港廊古村（新兴港村—港胡村） |
| "水韵文化"型 | 水韵文化，幸福传承 | 南浔古镇水利文化展示区、和孚桑基鱼塘水利文化展示区、太湖溇港圩田水利文化展示区、旧馆运粮水利文化展示区、京杭大运河水利文化展示区、练市湖羊船拳水利文化展示区、善琏湖笔水利文化展示区、辑里湖丝水利文化展示区、石淙太君庙庙会水利文化展示区、菱湖淡水渔业水利文化展示区 |
| "高效节水"型 | 节水优先，幸福保障 | 开发区枯村冯家斗节水灌区、双林镇箍桶斗村刘利斗灌区、善琏镇平乐村墙里灌区、练市红美人柑橘种植园区、菱湖镇勤劳村跑道养鱼基地、和孚镇漾东村跑道养鱼基地、国电湖州南浔天然气热电有限公司、湖州喜得宝丝绸有限公司、南浔香墅湾、南浔区政府农水大楼 |
| "智慧水+"型 | 现代科技，幸福支撑 | 项目覆盖南浔区全域内的河湖库塘等水体，其中南浔区幸福河湖网络终端展示系统初期开发以特色"五河五漾"为主 |

### 6.1.3 特色幸福河湖布局

在全区幸福河湖建设总体布局的基础上,按照"突出重点、形成特色"的思路,进一步提炼,建设富有特色的幸福河湖,形成"五河五漾"南浔特色幸福河湖布局(表6.2),对特色幸福河湖进行精细化、特色化、标准化打造,形成具有示范意义的10个幸福河湖样板。

表 6.2  "五河五漾"南浔特色幸福河湖布局

| 类 型 | 特 色 | 典 型 河 漾 |
|---|---|---|
| 特色幸福河<br>(五河) | 圩港防洪特色 | 旧馆塘 |
|  | 水美人居特色 | 新开塘 |
|  | 新城绿廊特色 | 阳安塘 |
|  | 水韵脉动特色 | 京杭大运河南浔段 |
|  | 节水兴农特色 | 月明塘 |
| 特色幸福漾<br>(五漾) | 蓄洪湿地特色 | 上坡塘漾 |
|  | 城市绿肺特色 | 金象湖 |
|  | 农事体验特色 | 后庄漾 |
|  | 乐水休闲特色 | 和孚漾 |
|  | 古村新貌特色 | 金家漾 |

## 6.2 "安全保障"型幸福河湖建设

"安全保障"型幸福河湖建设以防洪理论为指导,开展南浔区全域水安全工程建设,重视河湖堤防薄弱环节,完善全区防洪排涝整体格局。针对圩区洼地,幸福河湖建设需要树立"大圩区"观念,建立分级设防、蓄排有序、适度超前的防洪治涝体系,筑牢"两个高水平"建设的水安全屏障。

### 6.2.1 建设特色

"安全保障"型幸福河湖以"发展保障,幸福基石"为特色,在有效防御洪水、高效排除涝水、有效抵御干旱、保障人们生命财产安全和区域经济社会可持续发展中发挥重要的基础性作用。

### 6.2.2 建设要求

以乡镇片区为主体,选择南浔大城防保障区、旧馆中心圩区、练市中心圩区、双林跳家山圩区、菱湖中心城防区、和孚草田圩区、善琏善琏中心圩区、千金排东排西圩区、石淙中心圩区、南浔横街圩区作为"安全保障型"幸福河湖建设的主要实施区域。

"安全保障型"幸福河湖重点按照推进圩区标准化整治,全面提升防洪减灾能力的要求开展建设。全区主要干流堤防全面按规划达标，形成全区河湖沿线防洪抗旱安全保障体系。特别是，南浔主城区将达到50年一遇防洪标准，中心村镇、中小河流重点河段和人口居住密集区达到20年一遇防洪标准。同时还需要建立和完善全区防汛抗旱指挥系统，加强对洪涝、台风、干旱灾害的预警、预报，进一步完善和落实应急预案，全面落实防洪保安各类责任制，从而形成完备的防洪抗旱管理体系、保障体系和救助体系。

### 6.2.3　建设内容

"安全保障型"幸福河湖主要开展防洪排涝通道建设工程、中小河流综合治理工程、中心城镇防洪排涝提升工程、防汛抗旱能力提升项目等内容建设。

（1）防洪排涝通道建设工程。实施杭嘉湖北排通道（后续）工程。全面完成11条河道、9个湖漾的清淤疏浚、堤防加固、岸坡整治，建成2座节制闸、3座闸站及其他配套工程，完善运西片防洪排涝格局，缓解东部平原防洪压力，提高区域防洪减灾能力，强化杭嘉湖地区水资源优化配置能力。

（2）中小河流综合治理工程。持续开展"百漾千河"PPP项目，完成区内7条骨干河道、20个湖漾和83个村域内河网水系的堤防护岸、疏浚清淤、水系连通、水生态修复、景观绿化等综合治理工程，补齐河湖堤防薄弱短板，有效提高全区防洪能力，并助力美丽乡村、美丽河湖建设，营造整洁、优美的居住、健身、休闲、度假环境如白米塘综合整治工程（图6.1）、和孚漾综合整治工程（图6.2）。

图6.1　白米塘综合整治工程　　　　　图6.2　和孚漾综合整治工程

（3）中心城镇防洪排涝提升工程。与南浔区"十四五"防洪排涝规划相衔接，以城市建成区和镇政府驻地为重点，实施"1+10"防洪排涝提升工程，整体推进圩区标准化整治，使全区防洪排涝安全保障体系基本形成，主城区防洪能力达到50年一遇标准，南浔、练市、双林、善琏、旧馆、菱湖、和孚、千金、石淙9个镇和1个省级经济开发区排涝能力达到20年一遇标准。

（4）防汛抗旱能力提升项目。完善水旱灾害防御工作制度、预案；动态开展洪水调度方案修编，推进洪水风险图编制和应用；继续开展水旱灾害防治群策群防体系和农村基层监测预报预警系统建设；科学调度水利工程运行，合理调配区域水量平衡，实现洪水有出路、灌水有来路，减轻或避免水旱灾害；强化水利工作者的教育培训，实时开展防汛抗旱预案演练，打造本领过硬的水利管理和水灾害防治专家队伍，筑牢防汛抗旱根基。

### 6.2.4 典型示范幸福河湖

选择幻溇港和旧馆塘作为"安全保障型"幸福河湖的典型示范河湖，体现"圩港防洪"的特色示范性。旧馆塘段南起双林塘，北至頔塘，为市级河道。旧馆塘是承接千金、和孚、石淙和旧馆四镇洪水和圩区排水下泄太湖的重要通道，防洪建设标准要求高。主要建设任务包括以下内容：

（1）建设堤防生态护岸，提高河岸的防冲能力，维持河岸稳定，使全河段堤防达到规划防洪标准。

（2）开展河道清淤，恢复河道断面，增强河道行洪排涝能力。

（3）在河道疏浚清淤基础上，通过植物修复、人工曝气等措施，提升河道自净能力，改善水质。

（4）对工程沿线管理范围内河岸进行景观绿化，打造美丽河道景观。

## 6.3 "生态保护"型幸福河湖建设

"生态保护"型幸福河湖建设以生态学基本原理为指导，以维持河湖生态平衡为目标，本着保护为先、适度开发、合理利用的原则，开展河湖生态修复与保护工作，不断提高水生态健康水平，实现人水和谐，充分发挥河湖的健康生态功能，彰显水乡生态美，促进幸福河湖综合效益发挥。

### 6.3.1 建设特色

"生态保护"型幸福河湖以"自然和谐，幸福屏障"为特色，在体现地区自然风貌，展现"万物共生，万物共荣"景象，满足人类对优质生态环境和社会公共服务功能的客观需求，为保障区域生态安全提供基础支撑。

### 6.3.2 建设要求

以湖漾为主体，选择金象湖、沈庄漾、和孚漾、义家漾、金鱼漾、上坡塘漾、大家滩漾、横山漾、双福漾、慎家漾及其入湖河道河口作为"生态保护"型幸福河湖建设的主要实施区域。

在各实施区域内，充分保护原有生物多样性，构建完整性、稳定性强的湿地生态系统，形成陆生生态系统和水生生态系统之间结构完整的生态过渡带，为湿地植物、湿地动物、微生物提供生长、生活、繁衍的良好生境，高效发挥湿地的生物多样性保护、径流调节、水质改善、小气候调控的生态作用，并为生产生活提供食品、工业原料，为城市景观美化和居民生活休闲等提供旅游资源。

### 6.3.3 建设内容

"生态保护"型幸福河湖建设内容包括以下方面：

（1）湿地修复与保护工程。以湖漾湿地为重点开展全区生态湿地的修复与保护。落实禁止围垦、退耕还湖政策，恢复湖滨湿地，构建湖滨水域与陆域间的生态过渡带。重点开展湖漾基底修复、驳岸修整、植被恢复等工程建设，严格控制入湖污染物种类和数量，重点控制农业面源氮素和磷素的输入，提升湖滨区生境质量；同时，开展禁止网箱养鱼、撒网电击捕鱼等活动，适当栽种本土湿地植物，放养本土鸟类、鱼类、虾蟹类、底栖类动物，增加湿地物种丰度，建立完整的食物链食物网结构，稳定生态系统平衡。

（2）河湖生态需水量与水质保障工程。准确定位拟建河湖的主体生态功能，定量核算各河湖生态需水量；严禁城乡建设开发工程建设项目对水域的占用，如确须占用，则必须实行占补平衡，由建设单位兴建相应替代水域工程。加强河湖生态水量调度，建立生态调度机制；提高污水处理厂尾水、雨水收集等非常规水源的生态利用率；控制沿河环湖污染排放，减少入河入湖污染，重点控制农业面源污染的氮素和磷素；合理配置水生生物，有效去除或控制水葫芦、水花生等有害植物种类，提升水体自净能力。

（3）湿地水景观与水文化要素建设项目。综合湖漾生态性和景观性特点和优势，从横向、纵向和垂向等空间三维，考虑生物的组成、结构、分布、动态变化和生态演替等自然特性，提高水岸景观的多样性，以充分发挥湖漾生态和景观功能。充分挖掘并科学凝练地域文化核心，结合自然景观，利用建筑、小品、标识牌等，将文化渗透到景观中，并与周边文化旅游资源相融合，带动区域经济社会生态整体发展。

### 6.3.4 典型示范幸福河湖

选择上坡塘漾和金象湖作为"生态保护"型幸福河湖建设的典型示范，分别体现"蓄洪湿地"和"城市绿肺"的特色示范性。

（1）"蓄洪湿地"特色示范（图6.3）。上坡塘漾位于旧馆镇与双林镇交界处，水域面积约0.53km²，其中湿地保护区面积6.61hm²，水域容积194万m³。上坡塘漾通过刑窑塘（濮溇港）可承接蓄滞旧馆镇、双林镇、善琏镇的洪水。示范建设中，严格落实禁养和限养区制度，杜绝湖区的侵占，适度退耕还湖，使水域面积和容积得到有效保证；着力推进湖漾全域生态修复保护工程，提高湖漾的生态灾害抵抗能力；大力实施居民生活和畜禽养殖废弃物治理工程，持久防治农业农村污染，使湖水水质常年保持在Ⅲ类水以上，水功能区达标率保持100%；上坡塘漾列入全面禁止建设开发区，保持其自然生态系统；严格落实

"湖长"制，切实做好湖漾的保洁、维护、巡查、检查、监督工作。

（2）"城市绿肺"特色示范（图6.4）。金象湖位于南浔区行政中心东侧，总用地面积26.02万 $m^2$，其中水面面积10.78万 $m^2$，是提升南浔新区生态绿化景观、增添南浔城市新特色新亮点、彰显南浔文化底蕴的重要景观民生工程。示范建设中，重点完善公园水系水网，水体定期清淤，不断提升湖水水质；加强湖岸和浅水区域植被建设，适量放养水鸟、鱼虾，丰富公园内生物物种，完善公园生物群落结构，强化公园生态湿地功能；有序开发，合理利用，促进公园社会效益和经济效益同步提高；加强公园水文化、水文明展示和宣传。

图6.3　蓄洪湿地——上坡塘漾　　　　图6.4　城市绿肺——金象湖

## 6.4　"水美乡村"型幸福河湖建设

"水美乡村"型幸福河湖以景观生态学和乡村振兴理论为指导，以农村水系为抓手，群策群力，共建共管，将河湖沿岸建成绿色整洁、品质高雅、舒适便捷、充满活力的滨水公共开放空间，打造人民群众的美好家园。

### 6.4.1　建设特色

"水美乡村"型幸福河湖以"水美乡村，幸福家园"为特色，综合体现为"水清、流畅、岸绿、景美"，居民环境满意度高。

### 6.4.2　建设要求

以美丽乡村创建为依托，选择练市镇荃步村、练市镇松亭村、双林镇向阳村、菱湖镇菱东村、和孚镇民当村、善琏镇含山村、旧馆镇三桥村、千金镇商墓村、开发区东上林村、石淙镇花园湾村作为"水美乡村"型幸福河湖建设的主要实施区域。

大力开展村内生态环境、人居环境和发展环境建设，不断提升农村的美丽度和广大农民群众的幸福感；实现"产村人"融合，"居业游"共进，同步提升产业竞争力与环境竞争力，促进物质文明与生态文明共同发展；以文为魂，将保护田园风光和村落文化有机结合，带动农村全面发展，实现"一村一品、一村一业、一村一园、一村一景、一村一韵"的美好愿景，完成美丽乡村从"一处美"向"一片美"的转型，如花园湾村"水美乡村"（图6.5）、荃步村"水美乡村"（图6.6）。

图6.5　花园湾村水系

图6.6　荃步村水系

### 6.4.3　建设内容

"水美乡村"型幸福河湖建设内容包括以下方面：

（1）农村水系优化工程。以解决"三农"问题为出发点，以全域土地综合整治为契机，合理规划村域内水系布局，优化河湖形态，促进活水畅流，构建河湖生态系统，充分发挥农村水系在蓄洪、排涝、灌溉、抗旱、养殖、航运、休闲以及维持区域生态平衡等各方面的作用；重点打造2~3处农村水系综合治理试验示范点。

（2）水生态修复与水环境治理工程。在满足基本功能的前提下，适度调整河湖形态，宜宽则宽、宜弯则弯、深浅相宜；实施河湖生态堤岸建设，通过合理植被搭配，形成河湖生态缓冲带，适度布置绿道，绿道两侧营造生态绿廊，给人们提供良好的休闲游览条件；加强农村生产、生活污水和垃圾的集中收集和处理，减轻农村水体污染负荷；有效落实河湖塘库清淤轮疏长效机制，助力水体环境改善；通过新开、拓浚管涵等工程措施沟通水系，减少断头河兜，提升水环境自净能力。

（3）"水利+旅游"经济融合发展项目。充分结合村庄特点，通过河湖堤岸或水上景观小品和亲水设施建设，体现当地的传统文化特色，提高村庄品味，营造秀丽的水乡景色；利用果园、农庄、水系等生态资源，探索采摘、垂钓、餐饮、民俗、娱乐、体验等多种乡村旅游新形式和新模式，促进美丽乡村旅游事业发展，提高居民经济收入。

### 6.4.4　典型示范幸福河湖

选择新开河作为"水美乡村"幸福河湖的典型示范，重点体现"水美人居"

特色示范性。新开河为南浔区"百漾千河"治理项目美丽乡村和湖漾整治工程新开挖河道，东连旧馆塘，西通慎家漾，河长6.47km。重点建设以下包括：

（1）河道工程建设满足旧馆镇三桥村"水美乡村"对水生态和水景观的需求以及当地居民亲水、用水的需求，提高居民的环境满意度。

（2）实施蜿蜒流畅、形态多样的河道建设，保持水流通畅、流态多样，提高水体自净能力；开展堤防护岸建设，维持河岸稳定，构建完整的河道生态缓冲带；减小河道污染物负荷，保障河道水质。

（3）依托港廊古村和运粮文化，积极探索历史与现代相融合的"水利＋旅游"经济发展模式，提高居民收入，提升水利建设效益。

## 6.5 "滨水健身"型幸福河湖建设

### 6.5.1 建设特色

"滨水健身"型幸福河湖以"天然氧吧，幸福廊道"为特色，是人们进行日常有氧健身运动的重要场所，在保障环境健康、人体健康以及两者的完美融合中发挥重要作用。

### 6.5.2 建设要求

根据区域经济社会条件，在颉塘南浔段、白米塘、月明塘、顾家塘、丁泾塘、新开河、阳安塘、沙浦港、练市塘西段、龙溪故道等河道部分区段河岸建设骑行道和健步道，建成"滨水健身"型幸福河湖十大实施区域。

将河湖水利工程建设与道路、景观、运动设施建设有机结合，为当地居民和游客提供运动健身区，发挥幸福河湖在实现和满足人们骑行、跑步、健走等运动需求和亲水、休憩等休闲需求中的作用，体现幸福河湖的内涵和服务功能，如白米塘人瑞西路段滨水健身通道（图6.7）、善琏塘双林镇向阳村段滨水健身通道（图6.8）。

### 6.5.3 建设内容

"滨水健身"型幸福河湖建设一般需与水景观与水文化要素提升工程相结合，建设内容主要包括以下方面：

（1）堤岸道路建设工程。河湖堤岸以外修建机动车道供车辆通行，道路平行于河岸线。堤顶修建自行车骑行道和人行步道，骑行道和人行道在同一水平面上，路面采用透水性材料。

（2）亲水景观建设工程。对堤内、堤外岸坡进行生态化景观建设，岸坡建设还要满足河湖防洪排涝需求。亲水景观主要通过岸坡绿化防护植被品种的合理配置加以实现，基本原则为：乔—灌—草合理搭配，常绿与落叶合理配置，观花、观叶植物交错布置，水生—湿生—旱生合理过渡。

图6.7　白米塘人瑞西路段滨水健身通道　　　图6.8　善琏塘双林镇向阳村段滨水健身通道

（3）辅助设施配套工程。根据居民点、河道状态、陆地交通、堤外土地利用等实际情况，沿河间隔，配套建设辅助设施。设置安全提示标志标牌、导向性标牌。路边修建机动车和非机动车停车位，供自驾和骑行游客驻车；水岸修建观景平台供游客亲水休憩；近居民聚居区设置公共健身器材、群众活动场地等。

### 6.5.4　典型示范幸福河湖

选择阳安塘作为"滨水健身"型幸福河湖建设的典型示范，主要体现"新城绿廊"的特色示范性。阳安塘西起白米塘，东连甲午塘，全长7.27km，主河道平直，平均河宽55～60m，多为自然岸坡，现状主要功能为行洪排涝。根据南浔区城市发展规划，阳安塘将成为以高铁站为中心的新城区域的重要内河，在体现新城水乡特色、古镇文韵、现代城市活力等方面发挥重要作用。

（1）按照城市内河的标准开展防洪安全建设，在满足城市防洪防汛要求的基础上，要充分体现现代化城市对岸线景观、人身安全、文化内涵的高要求，满足人们休憩、游玩、健身等需求。

（2）沿河区域内合理进行产业布局，实施雨污分流，杜绝污水直接排入河道，减量雨水径流入河水量。

（3）梳理水系，建成河湖沟通、水系完整、水面充足、功能完善的城市湿地公园，强化河湖岸坡植物建设，打造城市景观廊道和生态绿肺。

## 6.6　"亲水度假"型幸福河湖建设

### 6.6.1　建设特色

"亲水度假"型幸福河湖建设以"亲水度假，幸福源泉"为特色，是满足人们亲水休闲和短期度假需求的重要去处，也是助力当地旅游经济发展的重要举措。

#### 6.6.2 建设要求

依据《南浔区全域旅游发展规划》，对接古镇保护利用、"一环三线"水上旅游交通体系、"十线十景十小镇"的陆上特色旅游景观带、"一镇一节、一镇一品、一季一庆"乡村旅游提质增效等发展规划，选择息塘采菊东篱小镇、城南上海小镇、千金福荫童心小镇、含山蚕花小镇、石淙花海、姚塘漾湿地公园、后庄漾、荻港渔庄、江蒋漾作为"亲水度假"型幸福河湖建设的主要实施区域。

将幸福河湖建设与美丽乡村建设、特色小镇建设、旅游产品开发相结合，大力发展乡村旅游，突出亲水休闲和周末度假功能，体现幸福河湖、美丽河湖、生态河湖在提升南浔区旅游产业大发展、旅游产品大升级中的基础性地位，不断满足人们对旅游度假产品品质日益增长的需求。

#### 6.6.3 建设内容

"亲水度假"型幸福河湖建设内容包括以下方面：

（1）河湖生态环境景观提升工程。河湖建设首先需要改善景区内河湖水生态、水环境、优化水景观、满足亲水需求、保障水安全等。

（2）旅游度假硬件设施升级工程。舒适、便捷、洁净、安全的餐饮、住宿、休闲、娱乐、健身、商务交通、警示、引导等硬件设施是满足游客基本需求的保障，也是旅游景区可持续发展的必备条件。亲水休闲度假区需根据景区发展定位和旅游者的需求，建好用好相应的人性化的旅游设施，时刻满足并不断提升游客满意度。

（3）旅游度假软件条件提升工程。亲水休闲度假区的软件条件主要包括服务水平、文化展示水平和可持续发展能力等。幸福河湖建设要关注度假区内水利遗产的挖掘、水文化内核的凝练、水商品的研发、水品牌的打造等，并且将亲水旅游项目融入区域旅游大发展格局中，并时刻保持旺盛的生存活力和发展动力。

#### 6.6.4 典型示范幸福河湖

选择后庄漾作为"亲水度假"型幸福河湖建设的典型示范，主要体现"农事体验"特色示范性。后庄漾位于菱湖镇下昂村北，水域面积 $0.53km^2$。通过南浔区"百漾千河"综合治理项目一期工程建设，后庄漾在水网形态保护、乡土鱼类资源保护、农业与水利文化科普宣传、湿地保护与景观旅游等方面取得了良好的建设成效。重点建设以下内容：

（1）在"美丽河湖"前期工程建设基础上，进一步加强水质改善、水景观优化、水安全保障等方面的基础建设工作。

（2）巩固与加强湖漾在水网、鱼类资源和湿地保护中的作用，逐步建立以

## 第6章 浙江省湖州市南浔区幸福河湖建设措施

菱、鱼为主要对象的农事体验活动基地和科学试验研究基地,形成特色鲜明的水乡湿地休闲旅游区、生态保护与生态产业协调发展示范区。

(3)加快旅游配套设施建设,完善旅游服务体系,提高旅游效益;深入挖掘湖区水利、农业历史遗产,凝练水文化内涵,打造知名水文化品牌。

## 6.7 "乐水运动"型幸福河湖建设

### 6.7.1 建设特色

"乐水运动"型幸福河湖以"水上运动,幸福动力"为特色,为开展游船、游泳、水上自行车、皮艇、划艇、赛艇等水上运动、比赛项目提供优质水体、优美环境和高品质基础设施,助力经济社会高质量发展。

### 6.7.2 建设要求

依据河湖功能特征和潜在客源情况,选择甲午塘划船运动体验区、息塘划艇运动体验区、金象湖水上运动中心、和孚漾水上摩托艇运动体验区、沈庄漾赛艇运动中心、西白漾水上自行车运动体验区、金家漾游泳运动区、新荻村水上运动体验中心、横山漾赛艇运动中心、丁汀塘划艇运动体验区等作为"乐水运动"型幸福河湖的主要实施区域。

水上运动对水体质量、配套设备、安全防护等要求很高,建设过程中,在保障项目区水体充足的水面面积和完备的岸上配套设施前提下,着重保持洁净的水质。乐水运动项目区建设要循序渐进,量力而行。

### 6.7.3 建设内容

"乐水运动"型幸福河湖项目建设内容主要包括以下方面:

(1)水环境治理与保护工程。水上运动对水质的要求高,要积极开展河湖环境综合治理和保护,防控污染来源,增强水体自净能力,提高水体环境容量的工作,使河湖水质基本保持地表水Ⅲ类及以上。对特殊河湖(如金家漾、西白漾)、特定时段(如夏季),河湖水质要达到地表水Ⅱ类及以上。

(2)安全保障及配套设施建设工程。修建码头、栈桥、浮标、警示牌、指示牌以及服务性建筑,为安全防护、生活必需、医疗保健、教育宣传等提供必要的保障条件。各类配套设施的建设要接轨当代国际先进水准,做到高起点、高标准、高品质。

(3)文化景观提升工程。在河湖堤岸和服务设施建设时,应充分结合地域特色,通过建筑布局、建筑风格的巧妙设计和景观小品的精心布置,营造秀丽的水、岸景色,体现底蕴深厚的水文化,彰显地方人文特色。

### 6.7.4 典型特色幸福河湖

选择和孚漾作为"乐水运动"型幸福河湖建设的典型示范,重点体现"乐水休闲"的示范特色。和孚漾位于和孚镇区南侧,为菱湖塘和双林塘航道交汇处,水域面积约 1.31km$^2$,水域容积 632 万 m$^3$,是 2019 年实施浙江省"美丽河湖"工程建设的主要湖漾。主要建设以下内容:

(1) 河湖长效管护。巩固和完善"美丽河湖"创建成果,充分落实管理责任制,加强南岸芦苇湿地、北岸生态防护带和漾中生态绿岛的保护,保障湖漾生态功能的长期发挥;加强陆源污染物防控,减轻菱湖塘和双林塘航道对湖区的影响,保持优良的湖水水质。

(2) 开发水上运动项目。适度开放水上运动项目,可在主湖区发展水上摩托艇,湖滨区发展水上自行车、游船、儿童水上游乐设施。如条件允许,可适当与陆上运动休闲项目衔接,如热气球和摩天轮,游客可全方位体验湖漾湿地、百舸争流、桑基鱼塘、荻港古村、和孚新貌等"鱼米水乡"的特色和韵味。

(3) 水上旅游配套设施建设。加快和孚码头建设和航线优化工作,助力水上旅游事业快速发展;深挖和孚漾周边旅游资源,完善旅游线路,提高旅游服务质量,推进区域旅游事业全面发展;建设水利文化展馆,展示水乡古镇文化和农业遗产文化,促进旅游资源内涵发展。

# 6.8 "古镇景观"型幸福河湖建设

## 6.8.1 建设特色

"古镇景观"型幸福河湖以"历史画卷,幸福水景"为特色,是展现南浔江南水乡风采、赋予南浔"水晶晶"诗韵的主要载体,也是南浔旅游经济发展的重要基础。

## 6.8.2 建设要求

"古镇景观"型幸福河湖主要以古镇为核心,以大运河遗产保护与再利用、古镇复兴繁荣、当代人民生活体系回归及地方精神再现为目标,选择南浔古镇、南浔镇息塘古村、南浔镇辑里古村、练市古镇、双林古镇、双林镇西阳古村、菱湖镇下昂古村、菱湖镇朱家坝古村、和孚镇荻港古村、旧馆镇港廊古村(新兴港村—港胡村)作为"古镇景观"型幸福河湖十大实施区域,高效助力古镇旅游事业的高质量发展。

在项目区内,配合古村镇建筑整修和水景观恢复,做好水系修复沟通、水环境整治等工程建设,充分体现水利建设在南浔古村镇保护和经济社会融合发展的地位和作用。

## 6.8.3 建设内容

"古镇景观"型幸福河湖的建设内容包括以下方面:

（1）水生态环境提升工程。强化古村镇内防污减污工程建设和监督管理，最大程度降低水体污染负荷；沟通河道，连通水系，活水畅水，保持河湖充足生态水量，提高水体环境容量；生态化改造滨水区和堤岸，科学配置植物群落，提高古镇生态宜居性。

（2）历史遗产保护项目。科学保护与恢复古河道、古道路、古建筑、古桥、古民居、古碑刻等历史遗产，如双林三桥（图6.9）、荻港古村透水石板路（图6.10）。还原古村镇依水而建、因水而灵动的历史风貌和古朴气息。

图6.9 双林古镇双林三桥　　　　图6.10 荻港古村透水石板路

（3）景观文化展示项目。深入挖掘古村镇历史名人、人文轶事、艺术作品，如南浔古镇（图6.11）、港廊古村（图6.12）。开展各种创造性文体交流活动，提升水文化展示度、体验度，丰富水文化载体种类。推进"水利＋"融合发展，提高河湖建设的附加值，走以开发促保护的良性发展道路。

图6.11 南浔古镇　　　　图6.12 港廊古村

## 6.8.4 典型示范幸福河湖

选择金家漾作为"古镇景观"型幸福河湖建设的典型示范点，重点体现"古村新貌"的特色示范性。金家漾位于双林镇西阳社区西阳古村北侧，滨临湖浔大道，水域面积0.14km$^2$，是南浔区"百漾千河"综合治理项目一期工程建设的主要湖漾之一。重点建设以下内容：

(1) 巩固和完善"百漾千河"前期建设成果，采用 BOT 模式长期运营好、管理好各项工程，充分发挥建设项目的综合效益。

(2) 结合西阳古村保护与开发需要，完善村内村外水系的连通，深入开展水污染综合防治，大力提升水体环境质量，满足开展水上运动和古村旅游对水量水质的需求。

(3) 完善码头、栈桥、警示牌、指示牌、功能性建筑等安全保障及配套设施，积极发展古村文化旅游，增加居民收入，促进物质文明、精神文明与生态文明共同发展。

## 6.9 "水韵文化"型幸福河湖建设

### 6.9.1 建设特色

"水韵文化"型幸福河湖以"水韵文化，幸福传承"为特色，是先人治水乐水文化、传承古今华夏文明和中华民族精神的重要载体，也是寄托当地居民思乡情结的精神家园。

### 6.9.2 建设要求

综合南浔区深厚的文化积淀特点，选择南浔古镇水利文化展示区、和孚桑基鱼塘水利文化展示区、太湖溇港圩田水利文化展示区、旧馆运粮水利文化展示区、京杭大运河水利文化展示区、练市湖羊船拳水利文化展示区、善琏湖笔水利文化展示区、辑里湖丝水利文化展示区、石淙太君庙庙会水利文化展示区、菱湖淡水渔业水利文化展示区等作为"水韵文化"型幸福河湖建设的实施区域。

充分挖掘南浔人与水相依、与水相争灿烂水利史中的突出典故，总结人们兴水利、治水患、除水害的宝贵经验，弘扬具有显著地方特色并富有传承价值的优秀水文化，推进水生态文明的科普、教育和宣传，营造公众参与的良好氛围，打造具有历史积淀和文化底蕴的南浔河湖文化旅游品牌，满足人民日益提高的文化生活需求，为南浔区水利事业创新发展注入新的活力。

### 6.9.3 建设内容

"水韵文化"型幸福河湖的建设内容包括以下方面：

(1) 水利遗产保护与文化传承行动。科学保护与恢复古河道、古灌排工程、古桥梁、古栈道、古亭榭、古沿河台阶、古碑刻等历史建筑；弘扬能够反映南浔人与水相依、与水害相争、与水和谐的灿烂历史的价值观念、道德伦理、哲学思想、艺术作品、民间传说、节庆活动；重点保护并传承桑基鱼塘农业文化遗产（图 6.13）、太湖溇港圩田水利遗产（图 6.14）、颊塘运河文化（图 6.15）、船拳文化（图 6.16）、湖笔文化、湖丝文化、太君庙庙会文化等。

图 6.13 "桑基鱼塘"农业文化遗产

图 6.14 "溇港圩田"水利遗产

图 6.15 頔塘运河文化

图 6.16 练市船拳文化

（2）水文化载体建设工程。加强水利文化相关图书、图片、影像产品的出版发行，开发纪念币、贺卡、手工艺品等水文化纪念品和零食、小吃、饮品、工艺品；依托"一镇一节、一镇一品、一季一庆"的全域旅游规划任务，举办旅游产品和农产品展览会、幸福河湖论坛、健身体育比赛、丰收节庆、文艺汇演等活动，推动活动举办场馆、场地建设；加强新闻宣传工作，守住传统电视、报刊媒体宣传阵地，开通"南浔水利"、"南浔幸福河湖"新浪微博、微信公众号、抖音公众号等，着力拓宽手机客户端自媒体宣传通道。重点打造练市镇湖羊文化节（图 6.17）、和孚镇鱼文化节（图 6.18）、旧馆镇稻香巡游节（图 6.19）、善琏镇含山蚕花节（图 6.20）。

### 6.9.4 典型示范幸福河湖

选择京杭大运河南浔段作为"水韵文化"型幸福河湖建设的典型示范，重点体现"水韵脉动"的特色示范性。京杭大运河南浔段长 19.6km，河宽多为 60m，水域面积 1.51km²，为三级航道河段。重点建设以下内容：

（1）改造、加固堤防护岸，提高河岸防冲能力，维持河岸稳定；河道清淤清障，保障防洪需求，提高通航能力。

（2）强化运河沿线雨、污管网的改造，实现"雨污全分流、污水零直排"；

6.10 "高效节水"型幸福河湖建设

图6.17 练市镇湖羊文化节

图6.18 和孚镇鱼文化节

图6.19 旧馆镇稻香巡游节

图6.20 善琏镇含山蚕花节

推进鱼塘养殖尾水处理工作,升级改造农村生活污水和工业污水纳管工程提升改造,实现大运河流域内"管网全覆盖、排水全许可";结合美丽城镇、美丽乡村打造,重点采取植物修复措施,全面提升运河沿线农村河湖水网水质。

(3) 运河岸坡进行植被绿化,建成生态河岸带,营造水上百舸争流、岸上绿树成荫的和谐水运景观;运河沿线打造若干景观节点和旅游驿站,全面展示京杭大运河深厚的历史积淀和灿烂的水运文明。

# 6.10 "高效节水"型幸福河湖建设

## 6.10.1 建设特色

"高效节水"型幸福河湖以"节水优先,幸福保障"为特色,是全面体现水利工程保障水资源持续供给功能和有效协调生产、生活和生态用水作用的重要形式。

## 6.10.2 建设要求

根据现状基础,选择开发区祐村冯家斗灌区、双林镇箍桶斗村刘利斗灌区、善琏镇平乐村墙里灌区、练市红美人柑橘种植园区、菱湖镇勤劳村跑道养鱼基地、和孚镇漾东村跑道养鱼基地、国电湖州南浔天然气热电有限公司、湖州喜

## 第6章 浙江省湖州市南浔区幸福河湖建设措施

得宝丝绸有限公司、南浔香墅湾、南浔区政府农水大楼作为"高效节水"型幸福河湖建设的实施区域。

所选实施区域涵盖了农业节水、工业节水、居民生活节水、服务产业节水和机关事业单位节水等各个领域。实施过程中应坚持"把水资源作为最大刚性约束"的重要原则,统筹生活、生产、生态用水需求,促进水资源的高效率利用,提高水资源承载能力,推动南浔区全域节水,使节水型社会建设成为经济社会发展的新常态。

### 6.10.3 建设内容

"高效节水"型幸福河湖的建设内容包括以下方面:

(1) 农业节约用水改革行动。完善灌区内的水源、渠系、排水沟、涵闸、道路等系统工程和农业用水计量设施,提高渠系水利用率;推进"智慧灌区"建设,运用互联网、物联网、大数据等先进技术,建立灌区水情雨情、土壤墒情、渠道流量、泵闸运行等信息的自动采集、远距离传输和自动控制系统,实现灌区管理信息化、水量测量精准化、工程控制自动化;大力发展农业节水示范种植园区和养殖基地建设,推广应用农艺节水、生物节水、管理节水新技术、新工艺;进一步推进农业水价综合改革试点县(区)建设工作,建立并完善农业水价形成机制和农业节水奖补机制,探索以农民用水户协会为主体的用水终端管理机制;实施农村饮用水提标达标工程,开展规模化集中供水设施建设和小型供水工程规范化改造,全面落实区级统管责任,加快推进区域城乡供水一体化进程。重点推进菱湖镇"跑道养鱼"(图6.21)、练市镇"红美人"柑橘(图6.22)的节水改造。

图6.21 菱湖镇"跑道养鱼"　　　　图6.22 练市镇"红美人"柑橘

(2) 工业节水减排行动。加快企业节水减排工业设备改造;严格企业用水管理,有效落实计划用水累进加价收费政策,以经济杠杆促进企业节水;大力发展串联用水、工业水处理回用、蒸汽冷凝水回收等循环用水技术,提高水重复利用率,实现工业园区废污水零排放;健全水权交易市场机制,推进企业间取用水量指标买卖。

（3）生活节水行动。加强供水管网建设，完善管网检漏制度，降低供水的管网漏损率；全面推广应用节水型器具；实行严格的单位用水计划管理，明确用水定额，落实阶梯水价制度；推行海绵城市建设（图6.23），因地制宜吸纳、收集雨水（图6.24），并应用于绿地灌溉、河湖生态用水等。

图6.23 海绵城市示意图

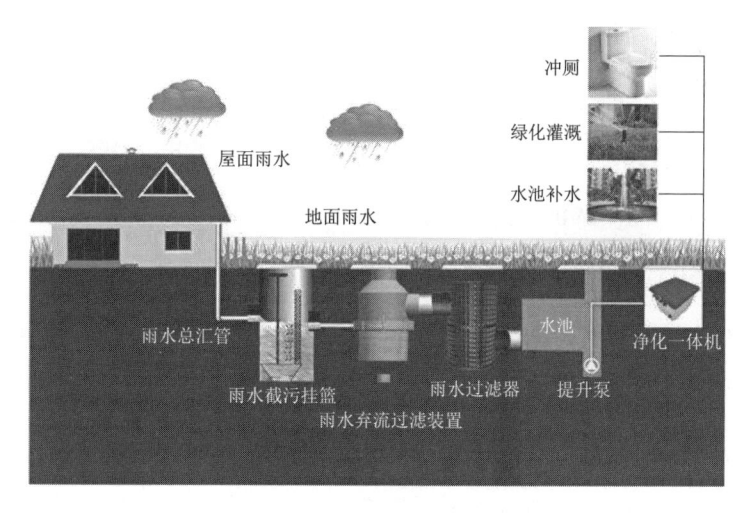

图6.24 建筑雨水收集系统示意图

### 6.10.4 典型示范幸福河湖

选择月明塘作为"高效节水"型幸福河湖建设的典型示范，重点体现"节水兴农"特色示范性。月明塘北起双林塘，南至京杭大运河，河道总长6.9km。月明塘北与白米塘、南与顾家塘相接，构成四级内河航道东宗线，长度为

20.5km。重点建设以下内容:

(1) 水生态水环境提升工程。月明塘是"百漾千河"项目重点建设河道之一,也是南浔十大"滨水健身"型幸福河湖规划建设河道之一。工程在已有建设成效基础上,进一步加固、改建堤防护岸,进行河道清淤清障,维持河岸稳定性,提升河道通航保障能力和岸坡生态防护能力;完善岸外景观、道路、配套设施建设,实现滨水健身的服务功能。

(2) 灌溉水源保障工程。月明塘是流经南浔"红美人"柑橘种植基地的重要河道。工程结合农业高效节约用水建设的需求,配套修建取水泵站和输水渠道,在保障灌溉水量和水质、提高水资源利用效率方面发挥作用。

## 6.11 "智慧水+"型幸福河湖项目

### 6.11.1 建设特色

"智慧水+"型幸福河湖以"现代科技,幸福支撑"为特色,能够体现现代科学与技术在幸福河湖建设、管护、运营中的应用成果,将幸福河湖建成科技河湖、智慧河湖。

### 6.11.2 建设要求

将物联网、大数据、云平台等现代科学理念和技术应用到幸福河湖的建设与管理中,打造智慧建管的现代幸福河湖;全面深入推进生产实践与科学研究、人才培养的融合,建立南浔幸福河湖建设与管理的先进科技库、高级人才库,为南浔区经济发展提供有力支撑作用。

### 6.11.3 建设内容

"智慧水+"型幸福河湖主要建设内容包括以下方面:

(1) 幸福河湖智慧管护系统工程。应用现代网络技术、大数据、云平台、人工智能等,建设基于"互联网+"的南浔区防汛监控与决策系统、幸福河湖健康智能诊疗系统、幸福河湖管护App、幸福河湖网络终端展示系统、产业融合智能推介查询平台等现代智慧管护系统,提高幸福管护运营效率和效益。

(2) 幸福河湖"产学研"基地建设工程。加强水利建管单位与科研单位、高校的科技交流与合作,注重人才引进和培养,积极开展水利应用技术研发和推广,提升水利科技协同创新能力,建成节水高效种植与养殖、节水减排工业工艺、水利遗产保护、河湖生态建设等若干个"产学研"平台和实践基地。

### 6.11.4 典型示范幸福河湖

选择丁泾塘作为"智慧水+"型幸福河湖建设的典型示范,重点体现"智慧管护"特色示范。丁泾塘是南浔"亲水健身"型和"乐水运动"型幸福河湖建设的重点河道之一,在"百漾千河"综合治理成效基础上,继续开展各项建设，进一步提升岸坡生态防护能力，完善岸外景观、道路、配套设施建设，实现水上运动和滨岸休闲健身服务功能。重点建设以下内容：

（1）开发南浔区河湖健康智能诊疗平台，建设覆盖丁泾塘全河段的图像自动采集、水环境自动监测、无线传输和数据保存处理的数据管理系统，并实现与河湖健康诊疗平台的对接。

（2）开发幸福河湖管护 App，河长及相关领导、技术人员可通过手机、平板等无线网络终端查阅河道实时和历史监控数据以及建议管护措施，并可进行管护效果的模拟计算和展示。

## 6.12 特色成效

### 6.12.1 工程成效

南浔区通过多年坚持不懈地河湖系统建设，建成了一批水安全、水资源、水环境、水旅游工程，形成了较为完整的工程体系，有效提升了河湖健康生态、美丽景观，促进了区域产业发展，居民幸福感、满足感逐年增强。

1. 建成了一批安全工程，河漾更安澜

南浔区地处苕溪流域下游，地势低洼，总体防洪减灾形势依然严峻。通过圩区整治、水系沟通、机埠改造、河道治理、预警体系等工程建设和管理措施，建成南浔区运西片防洪排涝格局，缓解东部平原防洪压力，增加水域面积，增强水体流动性，改善水环境，完善水资源优化配置，基本形成较为完善的防洪减灾体系，保障了南浔河湖安澜、人民安全、社会安定。

2. 创建了一批美丽河湖，特色更鲜明

南浔区不断创新建设方式，实施全面统筹，开展管理法治化、河湖安全保障化、河水供给资源化、河湖环境生态化、河湖民生共享化的"五化"美丽河湖的建设。以水为脉，通过打通、扩大水系的"毛细血管"，推动历史文化村落小微水系保护与整治，打造"河畅水清、岸绿景美、功能健全、人水和谐"的"美丽河道"，使境内水流加速，促进水环境质量整体提升，水利遗产得到有效保护与利用，串联起美丽城市、美丽乡村和美丽田园，使河道治理造福百姓、助力乡村振兴，重现"水晶晶的南浔"。通过建设，南浔区已建成 5 个省级美丽河湖、1 个市级美丽河湖。金象湖、和孚漾被遴选为 2019 年浙江省"美丽河湖"（图 6.25、图 6.26）。

3. 形成了一批民生精品，人民更幸福

南浔区以水源安全保障工程、农田水利工程、农村饮水提升工程等三类资源保障工程为主，实施了一系列民生工程。秉承着修复乡村生态有机体的态度，对每一处小微水体实行"一塘一策"，通过综合运用清淤换水、水系沟通、生态修复、绿化

图 6.25　金象湖城市湿地公园

图 6.26　和孚漾生态治理工程

美化等方式做到水岸同治、水清岸洁，特别是对房前屋后、村边路旁的小微水体，实现了"变污点为景点"的规划。南浔区注重保护历史文化，利用好古镇古村资源，深度挖掘乡村特色，结合"美丽乡村小镇"建设，围绕"花海、田园、乡趣"产品定位，按照"一村一品""一村一景""一村一韵"要求，加快村域景区化建设，建成一批民生精品美丽乡村，极大地增强了人民幸福感（图 6.27）。

4. 串联了一批文旅资源，底蕴更深厚

南浔区利用自身江南水乡的资源优势，突出水系和文化特色。通过水利工程建设，将零散的历史人文景点及旅游资源有效串联，走出了一条以古镇旅游为核心，因地制宜发展乡村旅游的全域旅游发展道路，丰富了南浔旅游文化内涵，使得文化底蕴更深厚。通过滨岸临水景观建设及水系环境整治，增强了居民的滨水体验感，综合提高了江南水乡景观品质。通过航道清淤及治理工程，有力推动了南浔区水上旅游线路建设，促进了南浔区旅游业发展。基本构建了"古镇＋乡村"的全域旅游模式，让"水晶晶"的南浔焕发新的魅力。例如，石淙镇大力发展乡村旅游，建成 400 亩花海和 AAA 旅游景区，打造太君庙、蚕花文化园、农耕文化园、安桥港慢生活街区和蚕乡花海等五大景点；和孚镇依托荻港村，打造富有江南水乡特色的古村景点（图 6.28）。

图 6.27 南浔区美丽乡村建设

图 6.28 荻港古村水景观及水环境整治

## 第6章　浙江省湖州市南浔区幸福河湖建设措施

### 5. 盘活了一批产业项目，经济更强劲

南浔区紧紧围绕"旅游活区"的战略部署，以南浔古镇保护利用三年行动计划和南浔区乡村旅游提升发展三年行动计划为抓手，加快项目建设，加大招商力度，开展南浔旅游小镇、上海康养小镇、安徒生童话主题小镇、笙美轻奢酒店、运河度假酒店等5个总投资266.6亿元的旅游项目。以"强平台、优配套、塑品牌"的发展理念，构建出了"一核一环三板块"的全域旅游空间布局，打造出有水乡平原特色的"小舟荡漾，漫品水乡"的田园旅居度假平台。

河湖建设推动了全区"生态绿肺""生态绿廊""城市湿地"等城镇生态景观节点建设，改善了区域水生态和水景观，改善了农村居民生活环境，提高了周边居民生活品质，推动了土地价格提升，打造了休闲农业景观，推进了农业生态旅游发展，提高了农村居民收入，促进了经济社会发展。积极引进相关绿色产业，使原有的传统产业得到提升。通过成片种植檇李、红美人花卉果蔬、桑基鱼塘（油基鱼塘、果基鱼塘）、稻田养（龙）虾、跑道养鱼等特色现代农业（图6.29），提高了农业水土资源利用率，推动生态农业建设，同时培育现代新农民，提供创业和就业机会，从而实现农民增收、农业增效、农村增绿。

图6.29　南浔区跑道养鱼及生态鱼塘特色现代农业建设

## 6.12.2 保障体系

南浔区幸福河湖建设是一个长期并不断探索创新的过程，涉及多部门和多行业，并需要有大批科技、建设、管理人员和大量资金的投入。为保障建设的顺利实施，必须从政策、组织、资金、技术、管理和人才队伍等方面建立切实可行的保障措施。

1. 组织保障

建立"主要领导亲自抓，分管领导具体抓，各相关部门协调配合"的政府管理机制，自上而下营造关心、支持幸福河湖建设的良好氛围。成立南浔区幸福河湖建设实体组织机构，完善指挥系统，以精准、高效的指挥调度，保证政令畅通，保障幸福河湖建设的各项决策部署落地落实；全面落实领导责任制，区分职责任务，对所有建设工作按计划梳理分类，细化明确责任主体，有力有序有效推进幸福河湖建设；强化区政府、区水利局、区农业农村局、区发展改革委、区财政局、区文化广电旅游体育局、生态环境局南浔分局、自然资源与规划局南浔分局及各乡镇政府等部门之间的协调联动，实现工作之间的无缝对接，通力合作，并及时沟通反馈、协调解决建设工作中遇到的问题。

2. 资金保障

幸福河湖建设是一项以社会效益为主、兼顾经济效益和生态效益的民生事业，所需投资多，除建设投入外，还包括长效管理资金。南浔区和乡镇两级政府在财政允许范围内尽可能安排相应资金用于整治工作；区政府要通过建设项目申报列支，积极争取上级政府部门财政补助或专项项目资助；创造机会，构筑平台，鼓励社会资本参与建设工作；加强资金使用的监督，确保财政资金规范使用；工程完工后做好资金使用情况审计；资金的筹措、使用和管理，必须厉行节约，防止损失浪费，提高资金使用效率。

3. 制度保障

依据幸福河湖评价体系，领导小组办公室负责制订南浔区幸福河湖建设管理办法和考核办法，把加快南浔区幸福河湖建设纳入各级领导考核内容，实行行政领导负责制；建立健全目标责任制、绩效考核制和问责制、社会监督机制；加强河湖建设全过程监管，严格推行建设项目法人制、招标投标制、建设监理制和合同管理制，确保工程质量和长期维护管理质量。

4. 人才保障

人才队伍是提高幸福河湖建设效率、提升幸福河湖建设品质的重要保障。按照"总量控制、结构优化、有增有减"的要求，优化配置各级水利行政和事业编制，强化幸福河湖领域的人员力量；积极引进高层次、高技能人才，加强水利人才梯队和团队建设，提升南浔幸福河湖水利科技创新能力；加强地方政府与高校院所、企业单位合作，推进"产学研"协同创新，借助外部人才和技术力量，提升南浔区幸福河湖建设与管理水平；扶持水利工程建设和管理市场发展，吸引专业技术人员向水利行业流动；加强基层人员继续教育，提高履职能力。

### 6.12.3 建管体系

**1. 制定发布了幸福河湖地方标准**

南浔区水利局与河海大学共同研究制定了《平原区幸福河湖建设规范》（DB 330503/T 15—2020）、《平原区幸福河湖评价规范》（DB 330503/T 16—2020）和《平原区幸福河湖管护规范》（DB 330503/T 17—2021）3部全国首套幸福河湖系列地方标准，从水安全保障、水资源优配、水生态健康、水环境宜居、水经济发展和水文化传承等6个方面规范了平原区幸福河湖建设标准及评价方法，构建出了平原区幸福河湖建设、评价和管护体系。根据该套系列标准，南浔区编制发布了《湖州市南浔区河湖幸福河指数蓝皮书》。

**2. 创新了建管体制与机制**

（1）探索与创新高质量多工程融合建设方式。近年来，南浔区以"美丽南浔"建设为统领，先后实施的"百漾千河"综合治理工程、杭嘉湖北排通道后续工程（南浔段）等省级工程建设，开展了防灾减灾、生态河湖、资源保障等多工程融合建设方式探索和创新。

1）防洪减灾工程。开展了圩区整治、城乡防洪、中小河流治理等三类防洪减灾工程。通过圩区整治、机埠改造、河道治理、预测预警等措施，已形成较为完善的防洪减灾体系。

2）生态河湖工程。采取清淤疏浚、水系连通、生态景观工程等三类河湖生态治理工程，实施355.2km农村河道生态治理和13.6km$^2$湖漾生态整治，河湖生态环境质量显著提升。

3）资源保障工程。切实落实节水优先的治水思想，实施节水型社会建设、城乡一体化供水、农田水利工程等三类资源保障工程。新建改建村头以上管网323km、村内管网1063km，建设高效节水灌溉工程20.6km$^2$，实现农村饮水工程全覆盖，形成水资源保障体系，资源管理趋于科学化。

（2）探索与创新管理手段与体制机制。

1）全面深化河湖长制，强化风险预警、排查和管控，创新河湖管理手段与投融资体制机制。

2）形成智能化管理手段。开展水资源实时监控、农业节水信息采集、长效管护实时监控、防汛防台规范化体系建设，基本建成"一张图""一平台"的智慧河湖管理手段。

3）创新建管机制，推进标准化管理。成立国有物业公司，培育水利物业化管理市场，推进河湖确权划界，完成188km河道确权划界，投入4500万元开展圩区、堤防、机埠的维修养护，开展 10 座标准化圩区创建，制定河湖工程标准化管理手册，形成标准化管理体系，持续高效发挥河湖功能。

4）创新投融资体制机制。按照"政府主导、市场参与、统筹使用、形成合力"的原则，形成"1+N"的河湖建管多元化投融资模式，尤以"百漾千河"综合治理项目的 PPP 模式为典型，由投资公司负责实施，合作期 20 年（建设期 3 年，运营期 17 年），改变了以政府投入为主的单一水利投融资模式。

### 3. 统筹协调生态治理与保护

南浔区是典型的南方平原水网区，河湖资源、生态资源丰富。在开展美丽河湖、幸福河湖建设过程中既注重生态治理，更强调自然资源的保护，重点保护了桑基鱼塘与河湖洲滩湿地资源等自然本底，形成了区域天然生态屏障。治理中以水环境改善为抓手，按照水功能区要求实施一系列生态治理措施，水环境持续向好。出境考核断面水质均为Ⅲ类，氨氮和总磷浓度明显下降，均达到水功能区水质要求。

### 4. 充分挖掘与彰显文化内涵

南浔区河湖建设中注重水利遗产保护与利用，注重人文哲学内涵挖掘与彰显，以水为脉串联起美丽城市、美丽乡村和美丽田园，推动历史文化村落小微水系保护与整治，开展了和孚镇荻港文化、菱湖镇桑基鱼塘、善琏镇湖笔文化、千金镇沙浦港、双林镇盆景小镇区块、旧馆镇运粮文化、石淙镇蚕花文化和南浔镇息塘采菊东篱文化为"八节点"建设，全面营造"水清流漾、锦绣家园"的江南水乡美丽诗画河湖。

### 5. 注重多部门协调、多产业融合

按照"安全为本、生态优先、系统治理、因河施策、文化引领、共享共管"的河道治理总体要求，结合全域土地整治要求，主动对接发改、交通、农业、生态环境、文旅、乡镇等部门，协调策划多产业融合性项目，实施管理法治化、河湖安全保障化、河水供给资源化、河湖环境生态化、河湖民生共享化的"五化"幸福河湖的建设，将河湖综合治理与产业平台建设、美丽乡村建设、全域文化旅游建设相结合，全域推动美丽南浔建设，使河道治理造福百姓，助力乡村振兴，实现多行业、多产业融合，为特色工业发展、旅游产业兴起、休闲农业勃发奠定了坚实基础。

# 参 考 文 献

艾广章，马小芳，2021. 设幸福河的实践探索与启示：以郑州黄河为例 [J]. 人民黄河，43 (S1)：13-15.

安莉莉，2021. 关于"幸福河"的认识 [J]. 内蒙古水利，(5)：50-51.

鲍宗豪，2013. 以文明发展诠释幸福与幸福感 [J]. 上海师范大学学报（哲学社会科学版），42 (1)：14-22.

陈敬润，张荣臻，董旭，等，2022. 水库型幸福水源的内涵与创建体系构建思考 [J]. 水利发展研究，22 (7)：58-62.

陈茂山，王建平，乔根平，2020. 关于"幸福河"内涵及评价指标体系的认识与思考 [J]. 水利发展研究，20 (1)：3-5.

陈敏芬，马骏，钱学诚，等，2022. 杭州幸福河湖评价指标体系构建 [J]. 中国水利，(2)：40-42.

陈新颖，彭杰，2014. 生态幸福研究述评 [J]. 世界林业研究，27 (2)：6-10.

程常高，马骏，唐德善，2020. 基于变权视角的幸福河湖模糊综合评价体系研究：以太湖流域为例 [C]. 第八届中国水生态大会论文集.

董哲仁，2003. 生态水工学的理论框架 [J]. 水利学报，34 (1)：1-6.

董哲仁，孙东亚，2007. 生态水利工程原理与技术 [M]. 北京：中国水利水电出版社.

鄂竟平，2020. 坚持节水优先　建设幸福河湖：写在 2020 年世界水日和中国水周之际 [J]. 中国水利，(6)：1-2.

方子杰，夏玉立，唐燕飚，2020. 打造新时代浙江"幸福大水网"的探索思考 [J]. 中国水利，(8)：17-20，23.

高建进. 2022. 从"水患之河"到"幸福之河" [N]. 光明日报，8-13.

高山，戴秋萍，董敏，等，2022. "幸福河"理念下的江苏河道建设探索 [J]. 中国水利，(8)：47-48.

高永胜，叶碎高，郑加，2007. 河流修复技术研究 [J]. 水利学报，(S1)：594-595.

贡力，田洁，靳春玲，等，2022. 基于 ERG 需求模型的幸福河综合评价 [J]. 水资源保护，38 (3)：25-33.

谷树忠，2020. 关于建设幸福河湖的若干思考 [J]. 中国水利，(6)：13-15.

郭春林，2013. 关注"幸福"何为？[J]. 上海大学学报（社会科学版），30 (1)：31-39.

韩宇平，夏帆，2020. 基于需求层次论的幸福河评价 [J]. 南水北调与水利科技（中英文），18 (4)：1-7.

韩玉玲，岳春雷，叶碎高，2009. 河道生态建设：植物措施应用技术 [M]. 北京：中国水利水电出版社.

韩玉玲，夏继红，陈永明，等，2012. 河道生态建设：河流健康诊断技术 [M]. 北京：中国水利水电出版社.

# 参考文献

何梁，王占海，杨辉辉，等，2022. 幸福珠江优质水资源评价指标体系研究：以广东省为例 [J]. 水资源与水工程学报，33（3）：33-38.

胡仕源，郑芙蓉，金凯，2022. 浙江省全域幸福河湖建设初探 [J]. 浙江水利水电学院学报，34（3）：21-24.

黄垣森，唐德善，唐彦，2021. 基于云模型的长株潭幸福河评价 [J]. 三峡大学学报（自然科学版），43（4）：1-6.

靳春玲，李燕，贡力，等，2022. 基于UMT模型的幸福河绩效评价及障碍因子诊断 [J]. 中国环境科学，42（3）：1466-1476.

吉凤鸣，2022. 江苏省平原河网地区幸福河评价研究 [D]. 扬州：扬州大学.

匡尚富，2020. 幸福河内涵要义与指标体系探析 [C]. 兰州：第二届中国节水论坛.

赖军，2020. 深化河湖长制工作 打造八闽幸福河湖 [N]. 中国水利报，11-19.

李冬冬，2019. 经济学视域下国内外对中国主观幸福研究进展评述 [J]. 技术经济与管理研究，(9)：103-108.

李国英，2021. 强化河湖长制 建设幸福河湖 [J]. 中国水利，(23)：1-2.

李先明，2020. 幸福河的文化内涵及其启示 [J]. 中国水利，(11)：55-59.

林国富，刘晓晨，夏继红，2022. 示范河湖引领打造幸福河湖 [M] //水利部河长制湖长制工作领导小组，水利部发展研究中心. 全面推进河长制湖长制典型案例汇编（2021）. 北京：中国水利水电出版社.

林俊强，彭期冬，2019. 河流栖息地保护与修复 [M]. 北京：中国水利水电出版社.

柳长顺，王建华，蒋云钟，等，2021. 河湖幸福指数：富民之河评价研究 [J]. 中国水利水电科学研究院学报，19（5）：441-448.

刘亢，刘诗平，涂洪长，等，2018. "人水和谐"的生动实践：福建莆田木兰溪治理纪实 [J]. 海峡通讯，(10)：58-61.

刘明典，2007. 沅水浮游生物群落结构研究 [D]. 武汉：华中农业大学.

刘明典，杨青瑞，李志华，等，2007. 沅水浮游植物群落结构特征 [J]. 淡水渔业，(3)：70-75.

罗小云，2020. 让幸福河成为最普惠的民生福祉 [J]. 中国水利，(6)：23，25.

吕彩霞，韦凤年，2020. 深挖节水潜力共筑幸福江河：访中国工程院院士王浩 [J]. 中国水利，(6)：1-4.

马兆龙，徐伟，2021. 建设"幸福河"的哲学思考 [J]. 水利发展研究，21（5）：42-45.

苗元江，2009. 从幸福感到幸福指数：发展中的幸福感研究 [J]. 南京社会科学，11（6）：103-108.

人民日报，2021. 咬定目标脚踏实地埋头苦干久久为功 为黄河永远造福中华民族而不懈奋斗 [N]. 人民日报，10-23.

水利部河长制湖长制工作领导小组办公室，水利部发展研究中心，2022. 全面推行河长制湖长制典型案例汇编（2021）[M]. 北京：中国水利水电出版社.

孙儒泳，李博，诸葛阳，等，1993. 普通生态学 [M]. 北京：高等教育出版社.

唐克旺，2020. 对"幸福河"概念及评价方法的思考 [J]. 中国水利，(6)：15-16.

王超，王沛芳，2004. 城市水生态系统建设与管理 [M]. 北京：科学出版社.

王平，郦建强，2020. "幸福河"内涵与实践路径思考 [J]. 水利规划与设计，(4)：4-7，115.

# 参考文献

王子悦，徐慧，黄丹姿，等，2021. 基于熵权物元模型的长三角幸福河层次评价［J］. 水资源保护，37（4）：69-74.

习近平，2019. 在黄河流域生态保护和高质量发展座谈会上的讲话［J］. 求是，（20）：1-3.

夏继红，2022. 生态学概论［M］. 北京：中国水利水电出版社.

夏继红，林俊强，蔡旺炜，等，2020. 河岸带潜流交换理论［M］. 北京：科学出版社.

夏继红，严忠民，2003. 浅论城市河道的生态护坡［J］. 中国水土保持，（3）：9-10.

夏继红，严忠民，2004. 国内外城市河道生态型护岸研究现状及发展趋势［J］. 中国水土保持，（3）：20-21.

夏继红，严忠民，2009. 生态河岸带综合评价理论与修复技术［M］. 北京：中国水利水电出版社.

夏继红，祖加翼，沈敏毅，等，2021. 水利高质量发展背景下南浔区幸福河湖建设探索与创新［J］. 水利发展研究，21（4）：69-72.

夏玉林，何晓静，汪姗，等，2022. "幸福淮河"评价指标构建［J］. 江苏水利，（6）：12-15，21.

幸福河研究课题组，2020. 幸福河内涵要义及指标体系探析［J］. 中国水利，（23）：1-4.

杨海军，封福记，赵亚楠，2004. 受损河岸生态修复技术［J］. 东北水利水电，（6）：38-40.

杨海军，李永祥，2005. 河流生态修复的理论与技术［M］. 长春：吉林科学技术出版社.

杨芸，1999. 论多自然型河流治理法对河流生态环境的影响［J］. 四川环境，8（1）：19-23.

于晓权，2008. 马克思幸福观的哲学意蕴［D］. 长春：吉林大学.

张民强，董良，郑巧西，等，2021. 关于浙江省幸福河湖建设总体思路的探讨［J］. 浙江水利科技，（2）：1-4.

张民强，胡敏杰，董良，等，2021. 浙江省河湖幸福指数评估指标体系与评估方法探讨［J］. 浙江水利科技，49（4）：1-3，8.

张武昌，2000. 浮游动物的昼夜垂直迁移［J］. 海洋科学，24（11）：18-21.

张纵，施侠，徐晓清，2006. 城市河流景观整治中的类自然化形态探析［J］. 浙江农林大学学报，23（2）：202-206.

赵建军，2020. 建设幸福河湖 实现人水和谐共生［J］. 中国水利，（6）：11-12.

中国水利水电科学研究院，2021. 中国河湖幸福指数报告2020［M］. 北京：中国水利水电出版社.

朱翠英，凌宇，银小兰，2011. 幸福与幸福感：积极心理学之维［M］. 北京：人民出版社.

朱法君，2020. "幸福河"是治水模式的理念升级［J］. 中国水利，（6）：21-22.

周波，张桂春，周瑶，2022. 江西省建设幸福河湖的成效及经验启示［J］. 水利发展研究，22（2）：35-39.

左其亭，2015. 基于人水和谐调控的水环境综合治理体系研究［J］. 人民珠江，36（3）：1-4.

左其亭，郝明辉，马军霞，等，2020. 幸福河的概念、内涵及判断准则［J］. 人民黄河，42（1）：1-5.

左其亭，郝明辉，姜龙，等，2021. 幸福河评价体系及其应用［J］. 水科学进展，32（1）：45-58.

VANNOTE R L, MINSHALL G W, Cummins K W, et al, 1980. The river continuum concept [J]. Canadian Journal of Fisheries and Aquatic Sciences, 37 (1): 130-137.
WARD J V, 1989. The four-dimensional nature of lotic ecosystems [J]. Journal of the North American Benthological Society, 8 (1): 2-8.